決定男孩一生的0~6歲教養法

竹內繪里香 著
（竹内エリカ）

前言 媽媽們所不了解的教養男孩要訣是？

近來，從高中、大學畢業之後，因為「不知道自己想做什麼」，而把自己關在家裡，成為繭居族的孩子有越來越多的趨勢。不知道自己想做什麼，也提不起想做事的意願，這不管對孩子、或對父母而言，都是令人非常痛苦的狀態。

我家孩子不會有這種問題嗎？繼續照現在的方式教養下去，真的沒問題嗎？在各種育兒資訊情報充斥，社會狀況也瞬息萬變的情況下，身為父母，一定也常感到不安吧？

希望自己的孩子能夠健康並且過著幸福的生活。希望孩子開朗有活力、能跟大家和睦相處、在學校快樂學習、順利升學，之後能堅強地立足於社會、對社會做出貢獻，成為一個被需要的人……

身為父母，任誰心裡都是這麼想的。

那麼，究竟要怎麼做，才能教養出長大成人後不依賴父母，並且堅定地展翅高飛的男孩呢？

觀察指導
7500名孩子後
所體悟到的心得！

各位讀者大家好。我是竹內繪里香。

一直以來，我都在進行兒童成長的研究，已經將近二十年了。從小嬰兒到大學生，我觀察了各種年齡層、共7500名孩子的成長，也閱讀了各式各樣的文獻，進行各種調查、研究，看了許多案例，為的就是找出在孩子的成長階段，有哪些事情是非常重要的。

我自己也養育了兩個兒子，這讓我了解到一件事——男孩跟女孩原本就擁有截然不同的特質——所以只要媽媽在教養孩子時，能夠順應孩子的不同特質任其發展，那不管是小孩或父母都不須那麼辛苦，也可以順利讓孩子發揮他們的能力。

那麼，養育男孩的重點，究竟是什麼呢？

那就是……

是不是太常對男孩
說「不行！」呢？

就是這一點。

男孩為什麼會做這些事情呢？

對媽媽而言，男孩有許多行動是讓人無法理解的。

拿著筷子敲打房間裡的東西，從高處往下跳。

在一旁看著就覺得心神不寧，實在看不下去時，就忍不住對著男孩大叫「不行！」的媽媽，應該也不在少數吧？

但是，在養育男孩時，希望各位媽媽盡可能不要說「不行」，而是讓孩子盡情去嘗試。讓男孩經歷失敗或累積經驗是很重要的。所以請盡可能地尊重男孩想做的事情吧！男孩的學習能力是靠「積極度」來培養的。如果這株「積極度」嫩芽在小時候就被摘去，那麼男孩長大之後，可能會在付諸行動前，就覺得「反正就算做了也會失敗」、「我做不到」……認定自己辦不到或乾脆直接放棄。

更甚者，可能發展不出在社會上生存時非常重要的忍耐力與適應力，成為繭居族而無法步入社會。

男孩就是要經歷失敗，
才能了解事物的道理。
放手讓他嘗試失敗吧！

在男孩看到有興趣的事時，就讓他立刻去嘗試，在反覆進行中，才能培育出積極度。所以最重要的，就是讓孩子盡可能多去嘗試各種他有興趣的事物。雖然當下看不出來，但透過多方嘗試，才能培育出孩子長大後所需的各種能力。

此外，很多男孩在遭遇真正的失敗之前，無法確實掌握各種事物的狀況。因此，先讓孩子嘗試看看，當他失敗之後才知道這樣是不可行的，或這樣是會痛的。如果沒有讓男孩在一開始就嘗到失敗的滋味，當他再長大一點時，會變得無法判斷事物的危險性，反而讓父母更加頭痛。

曾有這樣的例子：有個孩子從二、三歲開始，爸媽就禁止他從只有一點點高度的地方跳下來，這孩子上小學後，某天卻從很高的跳箱上跌落而受傷。這就是父母過度保護，反而讓孩子不懂得何謂真正的危險。總之，讓孩子多多體驗並且培養他的積極度，這對男孩而言是很重要的。

男孩看似做事不得要領，
但只是發育得比女孩慢一點，
很快就會迎頭趕上的！

「隔壁女孩跟我兒子同年，人家已經很會講話了。相較之下，我家兒子真的是……」

「我兒子真是有夠不聽話的。跟他上同一間幼稚園的里沙妹妹，聽話又懂事，像小學生一樣！」

你是不是也會拿女孩跟男孩做比較，而對孩子的發育感到焦急，或是灰心呢？

男孩不善於聽從他人的命令，也很怕被人侷限在框框裡，只能用固定方法做事；這一點就和擅長聽別人說話，並能確實理解事物後再開始行動的女孩，完全不同。

男孩們有時會反覆進行看似沒有意義的行動，才剛以為他很熱衷於某件事，下一秒就膩了，跑去做另一件事。因為不聽別人的建議，而且想嘗試很多事情，所以很花時間。正因為如此，女孩在各方面的發展看起來似乎都比男孩子快一些。但是，請不要擔心。因為，男孩的成長是慢慢來的。大約到了12歲左右就會追上女孩了。

男孩的調皮搗蛋
是讓他們立足社會的基礎，
讓他自由發展吧！

6歲前，男孩會儲蓄學習的能量，而成果會比女孩晚一點展現出來。他們會自己去追求、嘗試各式各樣有興趣的事物。當他們步入社會，直接面對學校裡沒教過的事物時，才會真正發揮出他們的能力。

男孩不像女孩那樣，藉著詢問別人以學習做事的方法，而是一種靠自己不斷嘗試並經歷錯誤後，開創出道路的生物。因此，培育出這樣的冒險心，也是養育男孩時非常重要的關鍵。相反的，女孩在遇到不懂的事情時會去詢問他人，她們比較擅長這樣的溝通能力。所以，更應該讓男孩發展出自己開拓道路的能力。

在這個時期就被摘去「積極度」之芽的孩子，也就是太常被大人以「不行！」這句話來限制行動的孩子，會失去好奇心，也缺乏學習的動力與能量，最後變成一個不管做什麼事都提不起勁、凡事唯命是從的孩子。

男孩在2歲、4歲、5歲時
最需要費心照顧。
只要在這些時期多用心，
往後的教養就會輕鬆許多。

2歲、4歲、5歲這幾個時期，是男孩最需要父母費心的年紀。

從1歲多到2歲這段時間，不管對孩子說什麼，他都只會說不要不要——這是男孩的第一次叛逆期，也是開始萌生自我意識的時期。男孩3～4歲間，自立心會變得更強，所以他會想用自己的方式去做想做的事情，不管誰勸都沒有用，所有的事情都抱持「我來做」、「我要做」的想法。對沒有這麼多時間可耗的媽媽來說，真是竭盡心力而常忍不住搖頭嘆氣。到了4～5歲之後，任性情況會變得更嚴重，會在店裡大哭大鬧要爸媽「買玩具給我！」的，也多是這個時期的男孩。

但是，這些時期就是媽媽要努力一下的時候。只要能在這些時期，給男孩適當的對應，培養他們的好奇心，誘使男孩能獨立與富有責任感，並且能控制自己的內心，往後要教養男孩就會變得輕鬆許多。因為孩子自己能把該做的事情做好，而且當他想要任性的時候，也懂得如何與自己妥協。

只要在這個時期小心地培養孩子，他就能成為一個懂得忍耐、體貼他人，而且內心堅強的男孩。像這樣的孩子就能找到自己的目標，而遇到問題時，也能靠自己的力量去跨越障礙。

「學習力」與
「社會生存力」，
是培養人格的二大要素。
社會
生存力
學習力

對孩子的人格養成而言，最重要的就是「學習力」及「社會生存力」。「學習力」就是學習、吸收知識的能力，這種能力可奠定男孩為了生存下去而讀書、獲得資訊、並且順利完成工作的基礎。

「社會生存力」，則是指人際關係與溝通交涉等，也就是「學校裡學不到」，但要在現實生活中生存下去所需的力量。

擁有「學習力」及「社會生存力」的孩子，長大後就能有所貢獻。他們會對自己的貢獻感到喜悅，也會主動學習，並且迎接新的挑戰。

為了培育出積極面對事物，並能集中精神、發揮能力的孩子，最重要的就是盡可能培養孩子的「學習力」。放手讓孩子做自己有興趣的事，並得到透過經驗來理解事物的能力。

這種能力，具體來說就是「好奇心・積極度・專注力」。這些能力主要在0〜2歲間養成。只要孩子身處在一定程度穩定的生活環境下，就會為了追求更好的生活，開始對各式各樣的事物產生興趣，這就是「好奇心」。

接下來，為了確定自己有興趣的事物究竟是什麼，孩子會付諸行動。比方說，把東西放進嘴裡、或敲打他有興趣的東西等。讓孩子去嘗試各種事物，就能培養出他的「積極度」。

當孩子在理解某件事的前因後果時，就能培養出「專注力」。所以，請盡量讓孩子去嘗試他想做的事，這樣才有機會培養孩子的專注力。而這裡所說的好奇心、積極度、專注力，也就是「學習力」的基礎。

這三種能力，能讓孩子對更多事物產生興趣，進行嘗試，並且對事物有更深的理解，這樣的步驟會反覆持續下去。這種反覆就是「學習的良性循環」，是將孩子的能力引發出來的最重要關鍵。

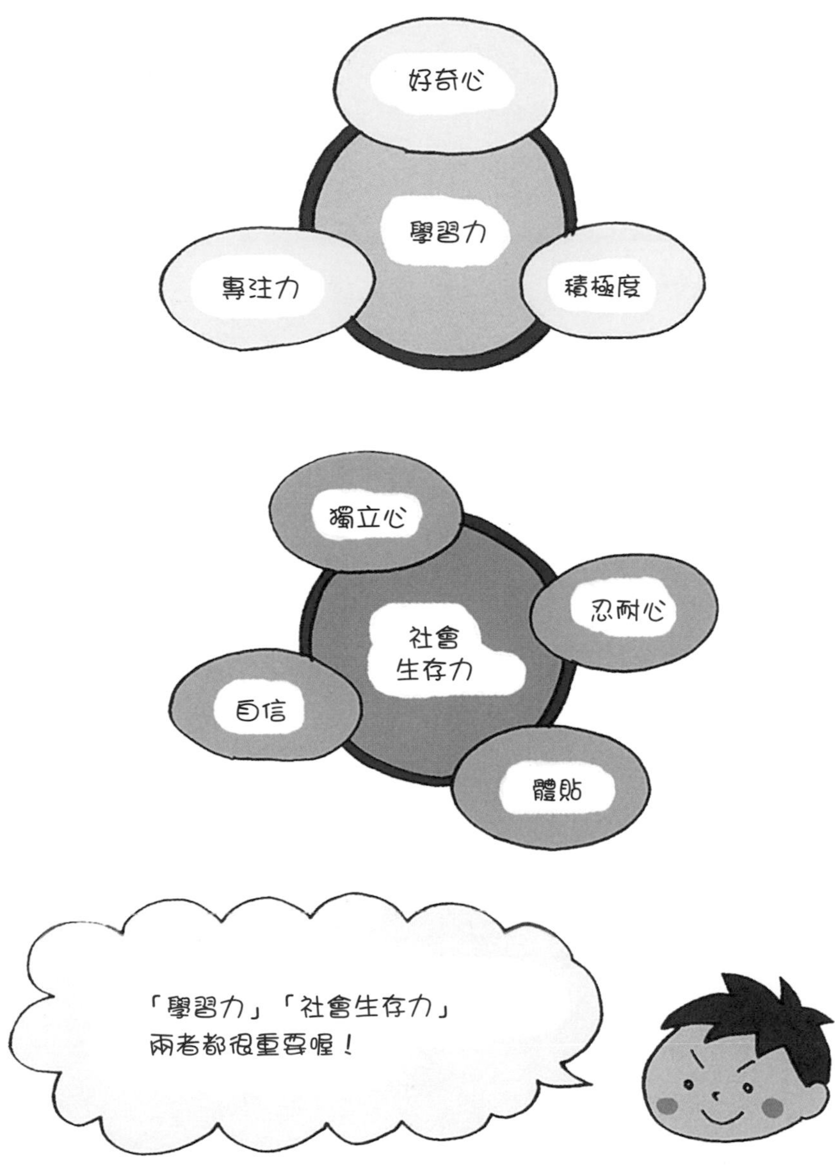
好奇心
學習力
專注力
積極度
獨立心
忍耐心
社會
生存力
自信
體貼
「學習力」「社會生存力」
兩者都很重要喔！

當孩子體會到學習的樂趣後，在與他人或是社會接觸時，就會嘗試去實行自己所學過的事物。而為了讓自己獨立生活，也會定下目標，努力朝目標邁進。

為了往目標前進，孩子必須思考自己應該怎麼做，就算進行得不順利，也得不氣餒地反覆嘗試，持續努力下去才行——當然有時候也會需要他人的幫助——而在反覆嘗試的過程中，孩子就能確立自己的人格，並逐漸成長為一個能對社會做出貢獻的成年人。

這就是所謂的「社會生存力」，具體來說就是「獨立心・忍耐心・體貼・自信」。這些能力會在3～6歲這段期間養成。

想自己試試看的心態，就是所謂的「獨立心」。嘗試過後，可能會體驗到自己無法完成的事，或實際了解

到非得遵守承諾或規則不可——這種過程能讓孩子學會「忍耐心」。

有時候孩子會體驗到無法自己一個人克服的痛苦，或是經由痛楚而懂得將心比心的道理，進而學習到「體貼」。所有的經驗都會逐漸累積成為孩子的「自信」。而「獨立心・忍耐心・體貼・自信」，也都會成為孩子能在社會生存下去的能量。

在這樣的過程中，對於體會了成長喜悅的孩子而言，成長這件事，就是讓自己生存下去的能量，不管身處怎樣的環境之中，他都能繼續努力——這就是「成長的良性循環」——持續學習，持續成長。讓你的孩子自然而然擁有這樣的良性循環，就是養育出既聰明又堅強的男孩的祕訣。

教養男孩的七個階段，每長 1 歲就往上走一階

6 培養「自信心」

5 培養「體貼心」

4 培養「忍耐心」

3 培養「獨立心」

2 培養「專注力」

1 培養「積極度」

0 培養「好奇心」

將之前所提到的「學習力」三大要素，以及「社會生存力」四大要素分成七個階段，讓男孩每長一歲就培養出一個要素，這是最理想的狀態。所以父母不用心急，只要在每個年齡層給予孩子適當的教育，培養出一個個要素，男孩就能順利地發展他的能力。

階段⓿ 0歲 刺激孩子的五感 ⬇ 培養「好奇心」

階段❶ 1歲 讓孩子體會「我做到了」⬇ 培養「積極度」

階段❷ 2歲 讓孩子體會「我懂了」⬇ 培養「專注力」

階段❸ 3歲 讓孩子做自己想做的事情 ⬇ 培養「獨立心」

階段❹ 4歲 讓孩子擁有克服困難的體驗 ⬇ 培養「忍耐心」

階段❺ 5歲 讓孩子體會什麼是互助合作 ⬇ 培養「體貼心」

階段❻ 6歲 讓孩子擁有獨力完成事物的體驗 ⬇ 培養「自信心」

階段0

培養好奇心 0歲～

0歲是培養孩子「**好奇心**」的階段。當男孩有開心的體驗時，潛能就會被誘發出來。所以，為了讓孩子對各種事物感興趣，請刺激他們的五感吧！讓孩子看色彩鮮明的繪本，刺激視覺；讓孩子聽樂器的聲音，刺激聽覺；也要和孩子有足夠的肌膚接觸，刺激觸覺。外出時，讓孩子聞聞花草樹木的味道，刺激孩子的嗅覺。

☑擁抱孩子，觸摸按摩孩子的身體

☑對孩子多說話

☑讓孩子聽聽各種能讓人感到愉悅舒服的聲音

☑跟孩子對話接觸時，要有豐富的表情，肢體動作也要大

☑給孩子玩色彩鮮明的玩具

☑讓孩子聞聞令人舒服的自然氣味

階段❶

培養
積極度
1歲～

1歲是培養孩子「積極度」的時期。盡可能讓孩子累積「做到了！」的體驗，就能培養出孩子不管面對什麼事，都想去嘗試看看的欲望。另一方面，男孩在進行某件事情時，如果受到旁人的強制干涉，或是被打擾，就會馬上失去繼續下去的幹勁。

想培養出個性積極的孩子，就要讓孩子盡情去做能讓他感到開心的事。

☑ 只要孩子有一點成長，就認同他，告訴他「你做到了呢！」

☑ 不對孩子說太多「不行」

☑ 傳達「這樣很危險喔」「這會痛喔」給孩子

☑ 把玩具拿給孩子後，觀察他怎麼玩玩具

☑ 當孩子著迷於某件事情時，靜靜地守護著他

☑ 確實讓孩子「多多爬行」

階段❷

培養專注力 2歲～

2歲是培養孩子「專注力」的時期。跟女孩比較起來，男孩比較容易分心，所以父母在培養孩子專注力時，要花更多心思。孩子之所以需要有專注力，是因為這樣才能誘發出孩子擁有的能力，並使其得到最完全的發揮。因此，請打造出一個環境，讓孩子可以專心、盡情地從事自己覺得開心的事情——帶孩子接觸大自然，讓孩子去體驗所有自己感興趣的事物，這是最好的做法。當孩子感受到專注做一件事情的快樂後，之後不管做什麼事，孩子都能發揮他的專注力。

☑ 讓孩子在大自然中自由地盡情玩耍

☑ 放手讓孩子做他有興趣的事情

☑ 孩子獨自玩耍時，不要去打擾他

☑ 教孩子「寂寞」「不甘心」這樣的詞彙

☑ 教導孩子說「來幫我」「來教我」這樣的詞彙

☑ 讓孩子運動，體驗奔跑、跌倒的經驗

階段❸

培養 獨立心 3歲~

3歲是孩子「獨立心」萌芽的時期。男孩本來就喜歡獨立自主的感覺，這時期的孩子不管什麼事都想自己做，所以會花很多時間，但還是請爸媽不要怕麻煩，就讓孩子照他喜歡的方法去做吧！當孩子失敗時，再教他該如何負起責任。比方說，孩子倒牛奶時灑出來，就教他自己拿抹布來擦乾淨——這也是一種負責的方式——雖然很需要耐心，但如果爸媽在這個階段能細心地用正確的方式引領孩子度過，就能同時培養出孩子的獨立心與責任感。

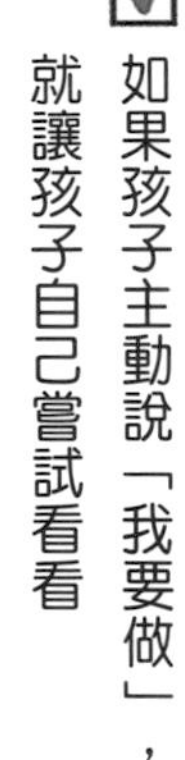

- ☑ 如果孩子主動說「我要做」，就讓孩子自己嘗試看看
- ☑ 透過打架的仲裁，讓孩子學習談判力
- ☑ 當孩子失敗時，教他收拾殘局的方法
- ☑ 讓孩子自己處理事情，培養他的責任感
- ☑ 將孩子說過的話再重複說一次
- ☑ 避免用會傷到孩子內心的話語來責罵他

階段❹

培養 忍耐心 4歲～

4歲是孩子學習「忍耐」的年齡。正因為男孩特別喜歡獨立自主，所以父母更要有意識地去教導男孩如何忍耐。因為不懂得忍耐的孩子，會變得無法對自己說過的話、做過的行為負起責任，當然也沒有克服困難、完成任務的能力。對於孩子承諾過自己要做，或要遵守的事情，就要讓孩子確實遵守承諾，絕不能妥協。

比方說，跟孩子約定好「一個禮拜只能買一樣甜點」，就絕對不能買兩樣甜點給孩子。孩子對於自己決定要做的事所付出的忍耐，最終就能讓他培養出「忍耐心」。

- ☑ 和孩子討論，一起定下該遵守的規則
- ☑ 讓孩子遵守一起定下的規則
- ☑ 孩子不遵守規則時，要冷靜地告誡他
- ☑ 冷靜地對孩子說「我會陪著你、看著你直到把事情做好為止」
- ☑ 對於孩子的要求，首先以「好啊」來回應他
- ☑ 透過跟孩子的對話，教導他所謂的因果關係

階段❺

培養 體貼心 5歲～

5歲是培養孩子「體貼心」的時期。男孩比較喜歡照著自己的想法向前衝，不喜歡主動尋求別人的幫助，或受到他人的指正。因此，為了讓孩子能與他人協調，進而發揮更多能力，要特別用心去培養孩子對他人的體貼之心。想培養出真正的體貼，就得讓孩子了解他人的痛楚；因此在前一個階段，一定要讓孩子經歷過充分的忍耐期才行——當孩子有過辛苦的體驗後，才能真正萌生出懂得體諒他人的心情。

☑ 孩子有過辛苦的體驗後，
才能萌生出對他人的體貼之心

☑ 讓孩子多挑戰、嘗試，讓他體驗挫折的感覺

☑ 讓粗暴的孩子玩「假裝遊戲」，
想像他人的心情

☑ 父母也要誠心地對孩子說「謝謝」與「對不起」

☑ 大人犯錯時，也要勇於認錯

階段❻

培養自信心 6歲~

在孩子滿6歲前，請培養出孩子的「自信心」！對於擅長挑戰各種事物的男孩而言，自信心是他們最大的武器。當孩子決定自己要做某件事情，並且不放棄地堅持到最後時，就能培養出自信心。而對於無法堅持到底完成事情的孩子，我們就回到前一個階段，讓孩子體驗互助合作。然後，請帶著溫柔的微笑，鼓勵孩子、對他說「你可以做得到的」。這種知道自己並不是孤單一人的安心感，會成為孩子最大的自信。而這份自信，也是讓孩子更加成長的開始。

☑ 試著問孩子「有哪些人愛著你呀？」

☑ 父母要相信孩子可以做得到

☑ 絕不對孩子說「你真糟糕」

☑ 父親要把對孩子的關心付諸言語

☑ 不知道該如何教孩子時，就緊緊擁抱他吧

就算孩子
無法完成某個階段，
也請不要著急。
先回到上一個階段，
最重要的是，
確實地通過每個階段。

孩子從0歲開始，每個階段會花上約一年的時間，慢慢地往上爬，在孩子即將滿7歲前，就會爬上最頂端。

男孩充滿好奇心與積極度，並有愛好獨立自主的傾向，因此要讓孩子盡情發展0歲的「好奇心」、1歲的「積極度」及3歲的「獨立心」。而讓孩子可以專心在一件事情上，2歲該培養「專注力」，以及能與朋友彼此互相協調；5歲該培養「體貼心」，因為這是男孩比較不擅長的部分，所以更該有意識地去誘導與培養孩子。

首先，媽媽們應該做的是，確實判斷出孩子現在處於哪個階段，並給予孩子適當的輔助，讓他能進入下一個階段，這樣孩子就能順利發揮自己的能力，並且逐漸成長。如果孩子在某個階段停滯不前，或是媽媽覺得孩子還沒發展出某個階段的能力，也不必太過著急。只要再回到前一個階段，讓孩子重新來過就可以了。當媽媽覺得養育孩子很辛苦，或覺得教養孩子很不順利時，通常是因為對孩子做出超越現階段、不符合孩子年齡的要求之故。男孩的成長無法一次跨越二、三個階段，請讓他一個階段一個階段慢慢成長吧！

此外，在這本書裡所提到的年齡，請記得是有前後一年緩衝期的。比方說，孩子現在3歲，依照書裡所言，應該是培養「獨立心」的時期，但如果你覺得孩子還沒成長到這個階段的話，就實施前一個階段，以2歲培養「集中力」的做法來教養孩子。請不要焦急地想「我的孩子都3歲了，為什麼還沒學會這個階段該會的東西？」而是要不急不徐地抱持著「我要配合孩子的成長，讓孩子依序培養出每個階段該擁有的能力！」這樣的想法。此外，孩子也會遇到跨越二個階段的過渡期，這時媽媽只要能讓孩子各自發展二個階段的能力就沒問題了。

目錄

決定男孩一生的0~6歲教養法

第 0 章

0 歲 培養孩子的「好奇心」

第 1 章

1 歲 培養孩子的「積極度」

第 2 章

2 歲 培養孩子的「專注力」

第3章

3歲 培養孩子的「獨立心」

第 4 章

4歲 培養孩子的「忍耐心」

第5章
5歲 培養孩子的「體貼心」

第6章

6歲 培養孩子的「自信心」

第 0 章

0歲 培養孩子的「好奇心」

好奇心是一切的開端。
只要孩子感興趣，
就盡量讓他嘗試！

教養0歲男孩，最需要的是，盡可能多培養他的好奇心。這一點對1歲以上的男孩，甚至是長大成人的男性都適用，男孩的成長就是從好奇心開始的。一般來說，女孩的個性喜歡與人接觸，所以能從與他人接觸的過程中學習，但男孩則是碰到有興趣的東西，才會興起行動的念頭。所以，男孩對於沒有興趣的東西就不會想主動接觸，也很容易出現厭倦，或注意力渙散的情形。

有些已經長大成人的男性，常常說出諸如「我不知道」「我沒辦法想像」之類的話，這是因為他的感性太過貧乏——感性是要靠好奇心來培育的——男孩因為好奇心而對某件事物有興趣，就能不停觸發出新的點子，成為一個總是滿心雀躍且充滿活力的孩子。所以在這個時期，我們要培養出讓男孩對各種事物都有興趣的好奇心。

如果你家的男孩好像對什麼事都沒興趣，或你覺得好像還沒培養出孩子的好奇心，那麼就再回到這個步驟，多多刺激男孩的感性吧！這樣你家寶貝一定也能成為一個好奇心旺盛的孩子。

0歲這段期間，是嬰兒的感情與腦部發達成長最為顯著的重要時期，如果父母什麼都不做、只是等待的話，孩子是不會成長的；唯有刺激孩子的感情，才能促進成長。一開始只會啼哭的嬰兒，接下來學會笑；而嬰兒之所以會笑，是因為想跟最愛的媽媽交流、溝通。嬰兒會「啊啊……」地開始牙牙學語，也是想透過發出聲音來傳達自我意念。

對於剛出生不久的嬰兒，就要好好地抱著他，並且多多對他說話。這樣，孩子的頸部會比總是躺著的孩子更快安定；而等孩子學會坐之後，就可以讓他體驗揮動雙手的樂趣，讓他在坐著的狀態下玩許多遊戲，這樣孩子就可以坐得很穩。接著，在距離孩子較遠的地方出聲叫他，孩子就會匍匐前進，並學會怎麼爬行。如果大人能常對嬰兒說話，常對嬰兒笑，孩子就會學習到說話是跟他人溝通交流的方法，而笑容是表現愛情的方法。

就像這樣，在0歲的嬰兒時期，請多多對孩子做些讓他有反應的事情。只要在這個時期刺激孩子的感情與大腦，之後孩子就會以好奇心的形式回饋出來。所以，請注意孩子關注的事物、孩子覺得開心的事物、以及孩子會有所反應的事物，多給孩子一些有益的刺激吧！

要多多給我有益的良性刺激喔！

想培養好奇心，
就要刺激孩子的五感。
首先要對他說話（聽覺）、
緊緊擁抱他（觸覺）。

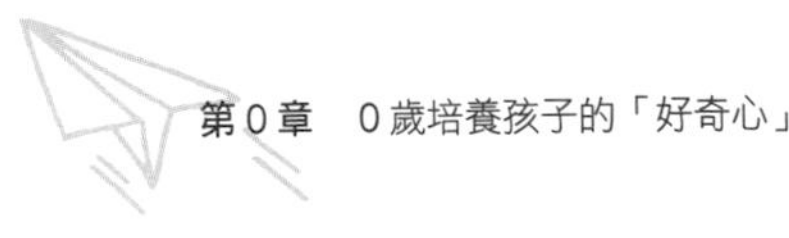

如果能在男孩0歲時期，良性刺激他的感性，就能培育出好奇心的基礎——好奇心跟感性是有密切關聯的——如果能讓男孩感受各式各樣的事物，提升他的感度，就能讓他對外界更有興趣。具體來說，刺激他的五感就是正確的做法。所謂的五感，是指視覺・聽覺・觸覺・味覺・嗅覺。雖然在孩子0歲時，我們無法立即看出效果，但等孩子逐漸成長後，受到良好刺激與沒有受到足夠刺激的孩子間，能力會出現很大的差距。

剛出生不久的嬰兒其實是看不見的，為了把握周圍的狀況，他的聽覺會非常發達。而聽覺敏感的嬰兒，過了1歲左右，學說話的狀況會比較發達，也會喜歡唱歌與音樂。因此一開始，我們要刺激孩子的聽覺。

・用溫柔的語氣對他說許多話
・給他玩會發出聲音的玩具
・讓他多聽悅耳的自然界聲音
・讓他親近音樂

對嬰兒而言，最好的聲音是他還在媽媽肚子裡時，就已經聽慣的媽媽的聲音。因為嬰兒自出生後就受到許多刺激，所以媽媽的聲音是給予他安心感的關鍵。請記得要時常以溫柔的語氣對他說話，雖然嬰兒還無法理解言語，但他能從媽媽的語氣中了解感情。而當他處在安心平穩的狀態下，學習能力也會更好，所以要記得以溫柔的語氣對嬰兒說話。此外，也可以給嬰兒玩會發出聲音的玩具，不時讓他聽聽大自然的聲音或是柔和的音樂。讓嬰兒聽這些聲音的同時，媽媽能溫柔地對他說話，效果會更好。

接下來要刺激的是孩子的觸覺及體感。觸覺、體感發達，身體感覺較為敏感的男孩，會比較喜歡活動身體，運動神經也會比較好。

就像聽覺一樣，嬰兒還在媽媽肚子裡時，就已經習慣並且知道這狹小又安定的空間是很舒服的；因此，與其讓嬰兒躺在床上，不如溫柔地抱著他、讓他感受到媽媽的溫暖，他會比較安心，況且嬰兒也喜歡這種緊密的感覺。至於要刺激嬰兒的觸覺，可以試著做下列這些事情。

- 給予嬰兒充分的肌膚接觸
- 緊緊擁抱嬰兒

・不時輕撫嬰兒的身體，為他的肌膚帶來舒適的刺激
・帶孩子一起做嬰兒體操，讓他知道活動身體的樂趣
・讓嬰兒的身體感受寒冷跟溫暖

給嬰兒的皮膚帶來舒適的刺激，能促進肌肉發達。以肌膚互相接觸的方式，給嬰兒舒服的按摩；此外，也可以讓嬰兒轉轉他的小手指，握住嬰兒的手跟腳，讓嬰兒做握拳、放鬆這類的嬰兒體操，也能協助孩子提升他的運動機能。

此外，讓孩子實際感受寒冷與溫暖，也有助於身體機能的發達。當給嬰兒餵奶、或是入浴等需要放鬆的時候，就讓嬰兒保持在舒適的溫度下；而嬰兒醒著、要讓他活動時，就讓他接觸當下的室溫，使孩子可以感覺到溫度的差異。

當孩子的視覺發達、可以看到東西後，從視覺得到的情報就會急遽增加。孩子開始能分辨白色、黑色、紅色等鮮明的顏色，也對會動的東西產生興趣。因此，我們可以像下列這樣刺激孩子的視覺。

・給嬰兒看有白色、黑色、紅色這類顏色鮮明的圖畫書

・引起孩子的興趣，讓孩子慢慢往上下左右看

・透過光線的明亮與陰暗，讓孩子理解活動時間與放鬆時間的不同

・讓孩子感受太陽光

・帶孩子去散步，讓他接觸大自然

拿著顏色鮮明的玩具放在孩子的眼前讓他看，接著慢慢地左右、上下移動玩具，就能刺激孩子的視覺。如果能同時用溫柔的語氣對孩子說話，效果會更好。

比起顏色，嬰兒會更快認識光線的明暗，所以當他睡醒時，就帶他到光線明亮的地方；到了該睡覺的時間，就把光線調暗，這樣也能訓練孩子規律的生活節奏。

此外，大自然裡充滿了美麗、壯觀、神祕的事物，這些都能刺激孩子的感覺。所以，一邊溫柔地跟孩子說話，一邊帶著他散步，也能培養出有豐富感性並且溫柔的孩子。

接著，嬰兒的嗅覺開始發達。嬰兒會把媽媽身上的味道、母乳或是牛奶的味道、洗澡用香皂的味道等，與他覺得舒服時聞到的氣味連結在一起。所以，請讓嬰兒多多接觸舒適、溫和的味道，以及大自然的氣味。

而味覺也是一樣的。讓嬰兒時期的孩子習慣最接近天然原味的味覺，就能讓孩子擁有健康的飲食習慣。所以，請多讓孩子品嘗各種不含過多調味、接近食材自然風味的食物。

★刺激五感，培育好奇心的基礎

在孩子0歲時，
多多對他說話，
可以提升他的語言能力。

男孩會在某個時期變得暴躁易怒並且容易失控；會變成這樣，是因為他們無法用言語完整表達自己的想法。相較於喜歡跟他人相處的女孩，男孩什麼都想自己先試試看的傾向較為強烈，所以語言的發展會比女孩來得遲一些。也因為男孩無法順利傳達自己的想法，內心會覺得挫敗與難受。

為了不讓男孩變成這樣暴躁易怒的孩子，我們應該在嬰兒時期就多對他說話。人類總要先聽過幾千次別人說話，才有辦法自己說出話來。所以多對嬰兒說話，也有助他早點開始牙牙學語。事實上，嬰兒在還不能說話時，就已經在為說話做準備了。

在刺激嬰兒感性的同時，對他說許多話，能協助嬰兒理解自己感覺到的東西，也能培養他將自己的感覺傳達給他人的能力。而湧現的好奇心，可以透過傳達給他人而得到滿足，並轉化成更多的幹勁與動力。

言語的發達，除了與智能的發達息息相關之外，也和溝通交流的能力有關。

一般而言，孩子到了6歲左右，能使用的語彙大約是三百句，但時下的孩子卻只能使用兩百句左右。孩子能使用的語彙數量，會因為媽媽對他說的語彙多寡而有差別。

孩子0歲時，就算你覺得他無法理解你說的話，還是要請媽媽多對他說話。就算孩子還處在無法發聲的時期，但這些聽過的話都會存在他的腦裡。可以嘗試像下面這樣，將在日常生活中與在大自然中所看到的東西，盡可能用語言來向孩子說明。

「這些花好漂亮呢！」

「天上的雲在飄喔！」

「風吹過來好冷呢！」

「樹上的葉子已經開始變黃了呢！」

「你看這些螞蟻好像在搬什麼東西唷！」

雖然每個男孩開始講話的時期有差距，但等過了2～3歲後，孩子會以驚人的程度開始講很多語彙喔！

另外，在跟孩子說話時，多用一些形容詞會比較好。因為所謂的形容詞，是當我們的五感受到刺激時，把感覺化為語言使人理解的語彙。

美麗、明亮、陰暗（視覺）
吵鬧、聲音很大、聲音很小、音色悅耳（聽覺）
柔軟、堅硬、疼痛（觸覺）
好吃、好酸、好苦（味覺）
好香、好臭、味道好嗆鼻（嗅覺）

★從嬰兒時期就多對孩子說話

此外，孩子在1歲之前，會用手指著有興趣的東西，並發出「啊～」的聲音。孩子會做出這個行為，就代表他想把自己看到且認識的東西傳達給別人知道，這也是他的溝通能力開始發達的證據；而孩子拉著大人，要把大人帶到他有興趣的地方去，這種行為也是一樣的意思。當孩子出現這種行為時，一定要好好確認他想傳達什麼，並把他所傳達的化為語言回饋給他。

比方說，當孩子手指著球，發出「啊～」的聲音時，可以對他說「小小的球掉在地上呢！」這類的話，清楚地告訴孩子手指的是什麼。

而當孩子開始使用「ㄅㄨㄅㄨ」這類的語彙，像是指著車說「ㄅㄨㄅㄨ」時，大人就要說「對啊，那是紅色的車子」，以正確的說法來取代幼兒語言給孩子聽。

使用嬰幼兒手語，有助孩子穩定情緒！

快滿1歲時，孩子會開始使用像是「ㄅㄨㄅㄨ」、「掰掰」這類的詞語，也比較能控制自己的肢體，此時，想跟他人溝通的欲望會變強，而如果他的想法能確實傳達並得到滿足，孩子就能感受到小小的成就感。

但就如同前面所說，男孩在語言的發展上較為遲緩，也可說是比較不擅長完整表達自己的想法。所以男孩會因為焦急而放大音量、失控大叫，並且累積壓力。幸好，男孩在0～1歲這段期間，有一種輔助的手段，可以幫助男孩傳達想法讓大人知道，那就是所謂的嬰幼兒手語。

比方說，有個剛開始吃副食品的11個月大男孩，他因為食欲旺盛，吃飯時如果沒有吃夠的話，就會大聲哭叫——每次餵他吃飯時媽媽都覺得很痛苦——這是因為孩子的哭叫是想傳達「我還要吃」，但媽媽卻無法理解的關係。

已經會講話的孩子還想再吃時，就會跟大人說「我還要」，所以不會動不動就哭。這是因為孩子知道只要會說「我還要」，他的欲望就能得到滿足，所以沒有哭的必要。

可是嬰兒不會說「我還要」，只能以哭叫的方式表達他的欲求。

因此，我建議大家教導自家男孩使用嬰幼兒手語。媽媽可以一邊對孩子說「還想再多吃一點」，一邊用食指輕點自己的嘴角給孩子看，告訴孩子，當他還沒吃飽、想再多吃一點時，可以對大人做這個動作。

★教嬰兒利用肢體語言與大人溝通

持續以言語搭配動作給孩子看，大約十天左右，孩子就能理解這個動作代表的是「還想再吃」的意思，雖然他沒吃飽的時候還是會哭，但也會開始模仿媽媽用食指輕點嘴角的動作；而每當孩子做出這個動作時，媽媽也要不厭其煩地反覆對他說「寶寶還想多吃一點喔」，並再給他多吃一些。大約三個禮拜後，孩子就學會做出「還想多吃」這個動作來代替哭泣了。

懂得使用嬰幼兒手語的孩子，因為可以跟大人取得溝通，內心會比較穩定——因為他「還想要」的想法，可以順利傳達給最愛的媽媽知道。而當孩子這種想傳達某些訊息給人知道的好奇心獲得滿足時，他也能理解與他人溝通的樂趣。因此，孩子就能學會更多嬰幼兒手語，並且樂於與媽媽溝通。

男孩的想法不被理解的話，就會暴躁易怒。

感情基礎約在1歲左右建立完成，重點在於與孩子的肌膚接觸。

隨著月齡逐漸增加，嬰兒會對各式各樣的事物表現出興趣，也讓我們看到他的好奇心開始萌芽。就如同本書前面所言，在男孩0～1歲時，要特別著重在刺激感性；建立孩子好奇心的基礎是很重要的，這也是孩子確立感情基礎的時期。

男孩跟女孩相較之下是比較愛撒嬌的，所以請媽媽給男孩更多的肌膚接觸。雖然每個孩子的狀況不盡相同，但只要給予孩子大量的肌膚接觸，他獨立的時期就一定會來臨。男孩如果沒有從媽媽身上得到足夠的愛，就無法踏出成長的第一步。

當嬰兒成長到1歲前後，他會對媽媽、或照顧自己的人抱持非常強烈的情感。他會以這份愛情與關係為基礎，而開始對自己保持信賴感，接著以這份信賴感為基礎，進而與周圍的人交流。如果男孩能在這個時期接受到足夠的愛，在他成長之後，就有能力建立一個平衡的人際關係。而為了打造這種與孩子的緊密關係，應該特別注意以下兩件事：

- 重視與嬰兒之間的肌膚接觸
- 重視與嬰兒之間的溝通交流

換句話說，肌膚接觸就是透過身體的感覺來把媽媽的愛傳達給孩子，而溝通交流則是透過眼睛與耳朵的感覺，把媽媽的心意傳達給孩子。是的，前面所說的刺激孩子的五感，同時也肩負了傳達母愛的使命。

所以，請多抱孩子或是背孩子吧！特別像是哺育母乳，或是幫孩子洗澡，這種能直接與孩子肌膚接觸的機會，不但能給予孩子安心感，還能構築親子之間信賴關係的基礎。就算是餵孩子配方奶，餵奶時也要像在餵母奶般地抱著孩子，並對孩子傳達你的愛，同時可以對孩子說——

- 媽媽會一直在你身邊
- 媽媽打從心裡期待著你的成長
- 媽媽會一直守護著你喔

像這樣，請把你對孩子的愛化為言語說出來。

當然，有時也會不知道嬰兒為什麼哭泣，此時，請依賴身為母親的直覺，多對他說話，與他充分溝通；就算孩子沒有停止哭泣，他也會了解到媽媽正努力地想為自己做些什麼。

在1歲前充分接收到父愛、母愛的男孩，會知道自己誕生在這個世界上是有價值的，因此可以培養出懂得自我肯定，而且有自信的孩子。如果你的孩子已經超過1歲，現在開始也還不遲。請充分與孩子溝通交流，好好地擁抱你的孩子，並對他說：「有你在媽媽身邊，媽媽真的很開心喔！」

此外，據說愛的賀爾蒙會在七秒鐘內分泌出來，所以請記得每天至少擁抱孩子七秒鐘，能讓親子間的關係更為緊密！

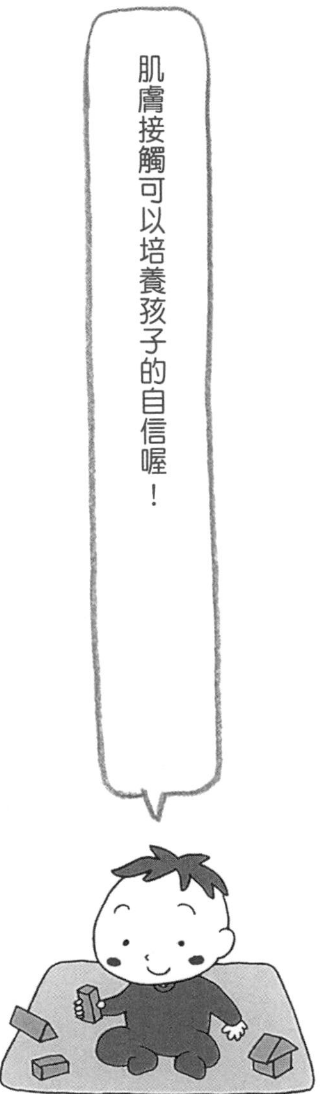

第 1 章

1歲 培養孩子的「積極度」

「完成了！」的體驗，
能培養出男孩的積極度！

相較於對各式各樣的東西都有興趣，並且一步步踏實往前的女孩而言，男孩會突然對某件事情著迷，然後一下子就膩了——這是男孩的特性——而能夠點燃男孩幹勁的，就是「完成了！」這樣的體驗。請讓男孩多累積小小的「完成了！」體驗，這就是教養出態度積極男孩的重點。

孩子的內心本來就充滿想學習的欲望，而能夠滿足孩子這種學習欲望的，也是「完成了！」的這種體驗——也就是達成的喜悅，孩子最喜歡這種「完成了！」的喜悅。具體來說，只要好好注意孩子的每一個小小成長，並給予認同、讚許就好了。

・學會爬行了

・學會自己站立了

・學會走路了

・學會蹲下了

・學會如何把二塊積木疊在一起了

・學會丟球了

・學會「我要這個」了

・學會揮手「掰掰」了

・學會拍手了

當看到孩子這些小小的成長時，就對孩子露出笑容，並對他說「你會了耶！」這些事情對大人而言，雖然是非常簡單的動作，但對孩子來說，卻是要完全發揮自己的智慧與身體，才能做到的一件大事。所以這些小小的「完成了！」體驗累積起來之後，就會成為孩子長大後行動力的基礎。

要認同、讚許男孩的每個小成長喔！

不要太常對男孩說「不行！」

男孩的積極度要在1～2歲左右培育，所以這個時期就多讓男孩去嘗試各式各樣的體驗吧！不過，這個時期的男孩也最容易對危險的東西感興趣，也可說是家長在教養孩子時感到頭痛的第一個時期。家長們常會不自覺地對孩子說「不行」，有時甚至會忍不住大聲斥責孩子。我非常了解家長們的心情，但這句「不行」，對男孩而言，不是一句能讓他成長的話。

在這十年裡，常常有托兒所或幼稚園老師來找我諮詢，經常聽到的是「最近的孩子真的很不積極」、「情緒很不安定」這樣的問題。也就是說，個性不積極、沒有幹勁的男孩越來越多了。一般而言，我們覺得男孩只要有時間就會跑去外頭，活力十足地到處奔跑。然而，現在的男孩為什麼會失去活潑又積極的幹勁呢？

這跟男孩的特性是有關的。和女孩相比，男孩的幹勁跟積極度比較容易受挫，他們可能會在受到他人指示、或禁止後，就失去了原本的幹勁。如果在男孩1～2歲這段期間，禁止他做各種事，幾年下來，他就會失去好奇心與探究心。

雖說媽媽細心地看著孩子的一舉一動是件很美好的事，但我也希望媽媽們不要破壞了男孩成長所需的重要步驟。因此，建議大家好好想想，自己是不是對孩子說了太多的「不行」？

孩子的每個行動都是有意義的，就算是成人乍看之下毫無意義的行為，也會成為孩子成長的基礎。孩子要透過親身體驗，才能確認身邊的事物究竟是為了什麼而存在、又能發揮什麼機能。所以請家長忍下這句「不行」，盡可能地讓孩子多方嘗試，看著他做到最後，再告訴他「你做到了呢！」特別是下列這些行為，其實有很大的意義。

- **不斷拉出抽取式面紙**↓想知道究竟可以抽出多少，是對未知的探究
- **撕破報紙**↓透過聽覺，學習撕破報紙這個行為，與發出聲音這個現象間的關聯性
- **打翻杯裡的水或用手攪拌水**↓透過手的感覺來探索水的性質
- **跳進水坑裡**↓體驗水的形狀變化及弄濕身體的感覺
- **玩泥巴**↓實驗水跟泥巴的混和狀態，以及沙的性質變化
- **想碰觸從水龍頭流出的水**↓體驗從上往下落的水的變化與重力的關係
- **對美乃滋等用擠的調味料有興趣**↓實驗液體與固體的形狀變化
- **把手指插到牆壁的細縫之間**↓想利用觸覺，探索看不到的牆壁裡有什麼東西

・用手指戳破紙門→利用手的感覺來實驗紙的形狀變化
・開開關關碗盤櫥櫃的門→探索動作的方向性
・用手戳電源插孔→利用手指的感覺探索看不見的部分
・拿到什麼都放到嘴巴裡→確認安全性的一種本能行為

請謹記一點，當孩子表現出感興趣時，就是最大的學習機會——他正在學習自己感到好奇的事物。為了不教出一個對什麼都沒興趣、也不學習的男孩，在這個時期請特別注意，盡可能不要對孩子說「不行」。因為在這個時期經歷過各種體驗的男孩，隨著年齡增長，各種能力也會有顯著的發達，所以這時期家長要多加忍耐。家長在這個時期的耐心，能讓孩子的積極度有更大的發展。

男孩的幹勁跟積極度是很容易受挫的喔！

不准孩子做的事
不能只說「不行」，
要以「很危險喔」「會痛喔」
「會燙喔」來具體表達。

雖然我在前面說了，這個時期不管什麼事都要讓孩子去嘗試，但是大家應該會擔心「讓孩子把手指插進電源插孔裡太危險了！」「讓孩子用手戳破紙門的話，家裡就到處都是洞了，已經夠忙了，沒空再處理這些事情！」是的，大家說的都沒錯，所以，我要請各位家長做到以下兩件事。

1. 給孩子一個可以盡情做想做的事情的環境

2. 定出孩子不可以做的事，並清楚告訴他理由

首先，不要把任何會給孩子帶來危險、或是碰了會讓大人困擾的物品，放在孩子搆得著的地方。像是廚房中碗盤櫥櫃的門，還有放置了剪刀等會讓孩子受傷物品的抽屜，都要注意不能讓孩子打開；而大人沒辦法隨時注意的東西，也要事先確保不會讓孩子接觸到。

此外，有一些危險是絕對不能讓孩子體驗的。比方說，孩子吞下會哽住喉嚨的東西，或是把手指插到電源插孔而觸電，這些都是非常危險的。

當孩子要做出這種危險行為時，不能只是說「不行」，而應該清楚傳達不可以做的理由給孩子知道。像是「很危險喔」「會痛喔」「會燙喔」，利用強調的語氣，冷靜地看著孩子的眼睛對他說，然後，再把他的興趣轉移到其他事物上。

此外，如果家長有足夠的時間跟空間好好看著孩子，可在不造成危險的情況下，讓孩子體驗一下疼痛或不舒服的感覺，這對孩子而言也是個重要的教訓。比方說圖釘或釘子，與其完全不讓孩子碰，不如讓孩子碰碰看、感覺一下痛，這樣下次孩子就懂得依據自己的判斷來決定不去碰它，這也是透過親身體驗才能學到的經驗。如果同時家長能對孩子說「你看，是不是被刺到了？會不會痛？」更能讓孩子學到教訓。

現在市面上也販賣許多讓孩子無法進入廚房、或是防止孩子從樓梯上跌落的產品。雖說生活中確實充滿許多危險，但就理想論來說，讓孩子體驗所有的事情，才能培養出好奇心旺盛且積極、充滿幹勁的孩子。因此，希望各位家長能多讓孩子體驗各式各樣的事物，雖然這是件勞心勞力的事，但這份努力在日後一定會開花結果的。

如果你家的男孩很喜歡踩水坑的話，可以在一開始就稍微下點工夫，比方說，讓孩子穿方便清洗，或弄髒也沒關係的褲子；又比方說，你家男孩很喜歡在紙門上戳洞，那就讓他盡情玩個痛快，他玩過之後也不須再重貼紙門；如果很在意紙門上都是洞的話，就在孩子盡情體驗之後，乾脆把紙門上的紙通通撕掉。

食物也是一樣，這個時期的孩子常會用湯匙把食物倒到桌上，或用手拿起食物來玩，但這個時期就請家長稍微睜一隻眼閉一隻眼，讓孩子盡情玩玩看吧！因為這階段的孩子，就算被罵「這樣很浪費」，他也還無法理解「浪費」的意思。

不要說「不行！」而是改說「很危險喔！」

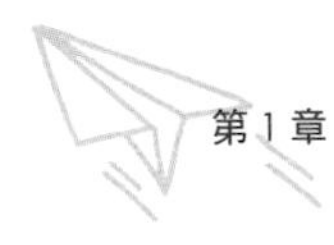

不可以直接教男孩該怎麼做。
先讓他自己動手，
並從旁觀察他怎麼做。

男孩喜歡用自己的方法來做想做的事。不管男孩正在做什麼，一旦大人介入，教他該怎麼做的話，好不容易蓄積起來的幹勁都會瞬間消失殆盡。所以當孩子開始對某件事物產生興趣時，請先什麼都不要說，靜靜在一旁觀察他的狀況吧！

比方說，搖鈴（搖動就會發出聲音的玩具）是適合嬰兒的代表性玩具，但如果把這個玩具拿給1歲的孩子，出乎意料的，他並不會用搖出聲音的方式來玩這個玩具，而是先放進嘴裡、拿起來敲打、或是往地上丟。等孩子發現，原來搖動這個玩具就會發出聲音時，應該已經花上不少時間了，但其實這樣是好的。

因為孩子從一個行為中能學到的，超乎大人所想像的多，所以請先不要教導孩子怎麼玩，只要把玩具拿給他就好。當你觀察孩子會對這個玩具做什麼時，也可藉此了解孩子現在對什麼有興趣，以及孩子現在哪種機能最發達。

雖然本書寫的是不要直接教男孩該怎麼做，但這個方法對女孩來說，當然也是有效果的。只是女孩與人交流的能力比男孩來得強，所以就算大人不教，她們也很擅長透過觀察大人的做法來學習。

而男孩的特質是不管什麼事都想自己做，所以在這時期有必要讓他多多經歷「做到了！」這樣的體驗，讓他養成積極學習的習慣，才能彌補男孩跟女孩天生的差距。如果不這麼做的話，男孩長大後，不但與人溝通的能力會輸給女孩，就連自己解決問題的能力也比較差。

給孩子玩具之後，就觀察他怎麼玩吧！

不管講幾次，
孩子都聽不進去，
就代表他正在成長！

當男孩聽不進家長所說的話，就代表他某種特定的機能正在發達運作中。所以請先停下來，審視一下你是不是囉囉嗦嗦地講了太多次，並想想現在是不是管教孩子的適當時機，然後好好支持孩子現在正在學習的事物。

之前曾有個托兒所老師問我，班上有個總是動來動去靜不下來的男孩，就算老師警告他，他也不管，甚至連他到底有沒有在聽老師說話都不知道。雖然老師看起來非常頭痛的樣子，但這樣的孩子其實是很多的。沒錯，這個孩子是真的「完全沒在聽老師講話」，但這是因為他把全副精神都集中在某件事上的緣故。

以這個男孩來說，他正透過不斷地活動身體，來學習身體的平衡與控制。透過自由活動身體，他會同時懂得如何控制自己的感情，所以這是一個非常重要的發展階段，對這位男孩而言，現在並不是他能靜下心來學習某些事物的時期。

當孩子對某件事著迷到連大人說什麼都聽不進去時，一定是跟成長有關係的。這種時候，不管大人講再多遍，不但沒有效果，甚至還可能妨礙到孩子重要的成長時刻。所以，這時只要重點式地跟孩子說該說的事情，接下來就靜待時機的到來吧！

比方說，有的母親因為孩子喜歡在流理臺玩水而感到困擾。流理臺被孩子占據，不但無法做事，而且浪費水，實在很傷腦筋對吧！

★讓孩子盡情玩到滿足為止

像這種時候，我希望家長抱持「讓我看看你要玩多久」的心態，暫時觀察一下孩子。幾乎所有的孩子都只會玩十～二十分鐘左右，所以只要讓孩子玩水玩這麼久，他就會感到滿足了。

接下來，大約二星期後，或再過二個月左右，孩子的下一個成長期就會來臨，此時孩子對玩水這件事情感到膩了，也會開始把大人說的話聽進去。孩子玩水的行為不可能永遠持續下去的，請放心。

此外，孩子在能夠理解各式各樣的現象之前，會先把它們都儲存在記憶裡。所以，就算之前他看起來好像沒在聽大人講話，但等到時機成熟時——「那個時候，媽媽有說過這樣的話喔！」就像這樣，他會突然回溯記憶，並能夠理解當時大人所說的話。

比方說當孩子吃飽後，他就會玩起自己面前的食物。「不可以這樣子浪費食物喔！」就算家長這樣說，但孩子卻好像無法理解的樣子。這是因為孩子完全聽不進媽媽說的話，而且覺得擠壓食物的觸感實在太好玩了！

這時請家長不要放棄，還是要清楚地告訴孩子「不可以這樣浪費食物喔！」然後，為了不讓孩子反覆出現浪費的行為，當孩子吃飽之後，請立刻將他面前的食物收走。

孩子對於自己被糾正的事情，就算當下看似不懂，幾年後等他學會說話時，可能會突然對著沒把飯吃完的家人說：「不可以這樣浪費食物喔！」

這也是個教養孩子的好時機——就算現在孩子看起來像是沒在聽，還是要好好地跟孩子說明不能浪費食物的理由。

當孩子對某件事情著迷時，
不管大人怎麼責罵，他都聽不進去的！

孩子比別人晚學會走路
也不用太擔心！

孩子的積極度會受到1歲時運動量的影響。讓孩子充分活動身體，對他的智能與心理發展有很深遠的影響，所以讓他多運動身體是絕對沒有壞處的。

此外，男孩到了某個時期，會變得比較躁動不安，甚至出現暴力行為，這是因為他們無法用言語順利傳達內心的想法，而且也比較沒辦法好好控制自己的感情。其實控制感情的能力與運動機能是有密切相關的，所以讓孩子多多「爬行」，鍛鍊他的腹部肌肉，能讓孩子比較懂得忍耐。

比方說，相撲或柔道運動員，因為腹部需要出力，他們與只使用上半身的運動員相比，看起來會比較穩重。如果讓孩子從小多爬行，就能教養出懂得忍耐的孩子。

此外，「爬行」也能讓孩子的手臂力量變強。曾有一位幼稚園園長嘆著氣說「現在的孩子真的很容易跌倒」——這位老師說的一點也沒錯！而且，現在的孩子不知道為什麼，在跌倒時不懂得要用手去撐住，所以常常把臉擦傷，更嚴重的，甚至把手摔到骨折。容易跌倒，是因為身體的平衡感不佳，而會讓臉部著地受傷，是手臂力量太小的緣故。

孩子的手臂力量太小，有一說是小時候爬行不足的關係。讓孩子「爬行」，具有強化手臂與上半身肌力的效果；上半身肌力發達的孩子，會比較懂得如何取得身體的平衡，就算跌倒，也知道要怎麼轉身來保護自己不受傷。

但是，當今因為生活型態的變化，有越來越多孩子沒有經過「爬行」的階段，就直接學習走路，因此現在的孩子有手臂與上半身肌力無法充分發展的傾向。雖然大家可能覺得比較早開始走路的孩子，運動神經比較發達，但請不要聽到別人說「我家孩子還沒滿1歲就開始走路了喔」而感到緊張，其實孩子晚點開始走路反而比較好，請給孩子足夠的「爬行」機會。

如果你家的孩子沒有很多「爬行」經驗就開始走路的話，可試著讓孩子推著推車走，或是跟孩子比賽爬行，又或者讓孩子趴在爸爸的背上、並訓練他抓緊不要掉下來，多跟孩子玩些能強化手臂與上半身力量的遊戲。在家裡放置小型的室內用攀登架（註）也能協助孩子強化他的上半身；而跌倒與墜落的經驗也是非常重要的，所以要讓孩子在大自然中盡情玩耍。

「爬行」能讓孩子的身心都變得更強壯！

註：公園裡常可見到，以金屬管所搭，供兒童遊玩的立體方格架。

第2章

2歲 培養孩子的「專注力」

多帶孩子接觸大自然，
就能培養專注力。

身為父母，一定不希望孩子在學校學習時非常吃力，總希望孩子的頭腦很聰明。為了達成這個願望，務必在孩子進入學校開始學習前，就先培養他的專注力；而專注力的基礎，會在孩子2歲左右開始有顯著的發展。

我所說的頭腦聰明的孩子，並非只是很會念書，而是對任何事物都抱持好奇心，且樂於探索事物的孩子。具備專注力的孩子，不管念書或運動，都能確實地用眼睛看、並且吸收，然後成長茁壯。

請盡可能在這個時期加強培養孩子的專注力，事實上，男孩與女孩相較之下，是比較不善於集中精神的。因為男孩比女孩更喜歡活動身體，不喜歡靜止不動，又容易三分鐘熱度，常被新鮮事物奪去注意力。所以，要培養男孩的專注力，是需要多下一點工夫的。

那麼應該怎麼做呢？其實就是盡可能地多帶男孩去接觸大自然。所謂的專注力，最早是為了打獵時鎖定獵物所發展出來的能力。人類如果沒有專注力，就無法抓到獵物，也無法生存下去。相較於可以長時間進行同一件事的女孩，大多數男孩經常是一樣換過一樣，但在大自然裡可就不同了。

・著迷於抓蟲子
・把葉片丟到河裡
・爬樹
・走下小山崖
・從小山坡上滾下來

諸如此類，雖然不知道是什麼地方有趣，但男孩卻可以玩一整天都不會膩。當孩子花費很長的時間，持續進行同一件事情時，就代表他正透過親身體驗來探索。而孩子的專注力，也會在這時得到發展。

話雖如此，但也不可能讓孩子一直待在大自然裡——其實就算在家也不用擔心，只要稍加注意，一樣可以培養孩子的專注力。

首先，家長要先觀察孩子專注力的基礎是不是已經萌芽了；而萌芽的時間點，其實只要觀察孩子平時的行動，大概就可以掌握了。

比方說，拿積木給孩子看看。0歲孩子的玩法可能是把積木往外丟、拿起來揮舞、或是放進嘴裡咬。到了1歲左右，孩子就知道要把積木堆疊起來玩，而這也是積木原本的玩法。孩子會重複堆疊後推倒的動作，並嘗試把積木堆高。過2歲之後，孩子會知道要把積木分顏色，也會利用積木堆疊出城堡或房屋等「造型」。孩子的專注力，就是從這個時間點開始發達的。

專注力發達的時期，也是孩子從「單純經驗的累積」再更進一步，懂得動腦筋思考，並開始整理以往經驗的時期。

這個時期家長也要仔細地輔助孩子——

「你蓋了一個城堡耶！」

「想不想再蓋一個更大的城堡呢？」

「下次做一個圓型的城堡好不好？」

就像這樣，幫助孩子拓展他的想像力，如此就能培養出孩子好好思考並採取行動的態度，也能提升孩子的專注力。

人類的專注力，是透過重複「開心有趣」「完成了」「我懂了」三個階段所孕育出來的。協助孩子重複這些階段是很有幫助的。

當家長看見孩子獨自思考並集中精神在某件事情上時，請不要開口打擾，就讓孩子一個人獨處吧！所謂的專注，就是自己一個人時認真的態度。家長也要特別注意，打造出能讓孩子長時間專注在某件事情上的環境。

孩子獨自玩耍，
代表他正專注在某件事情上，
千萬不要打擾他！

以下是孩子發揮專注力的時候：

・反覆進行同一件事情
・進入自己一個人的世界
・沉默寡言的時候

平常總是吵吵鬧鬧的孩子，「怎麼今天特別安靜啊？」

當這麼想時，就發現孩子正一個人很努力地在做某件事情，你是否也有過這樣的經驗？這時，孩子可能正忙著把杯裡的水倒在地板上流得到處都是、正找到一個果醬瓶且專心舔著、或是正忙著把所有的面紙通通抽出來——孩子越安靜，就越表示他可能正在進行某件會被媽媽罵的事（笑）。而且因為孩子實在太專心了，跟他講話，他還會被嚇到呢！這時的孩子，**正專注地讓自己的腦袋發揮最大的效用**。

當然，如果孩子正在做的，是會給別人造成麻煩或為自己招來危險的事，就一定要制止他，但如果他在做的事並不會造成什麼大問題，建議最好不要打擾孩子。像以下這些遊戲，也都可以促進孩子發展專注力。

・可以做出各種形狀的拼圖
・可以反覆拆掉再重組的樂高積木
・把繩子穿過洞、扣上釦子再解開釦子等，會使用手指的動作
・把小小的球放進開口很小的瓶子裡再拿出來，像這樣反覆進行的玩具
・用湯匙或筷子把黃豆之類的東西，從一個盤子移到另一個盤子的遊戲

除了刺激的遊戲之外，讓孩子多玩些可以慢慢思考的遊戲，就能培養出不管任何事都能專注面對的孩子。

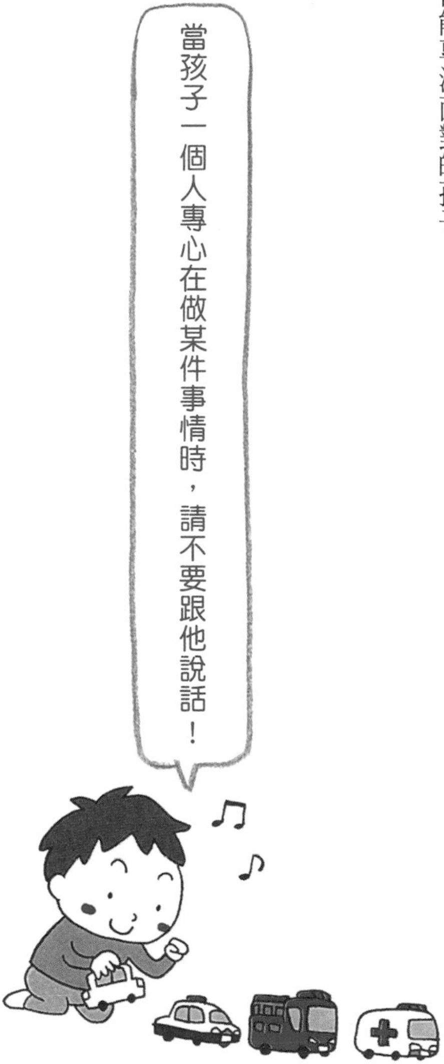

當孩子一個人專心在做某件事情時，請不要跟他說話！

教導男孩「請教我」「請幫我」這類尋求幫助的詞句。

一般研究中認為，男孩在語言的發展上比女孩要來得慢一些。因此，如果能在本階段促使男孩正確說出想說的話，就能使他的內心安定下來，也更能發揮專注力。

較早開始發展語言能力的孩子，一般而言，專注力也較高，這是因為掌管說話的機能與專注的機能相互有關聯。要培養專注力，需要長時間進行、或思考某件事。這個過程讓孩子針對過去只須「體驗」的事，做更深層的「思考」，並展開比之前更進一步的「行動」，所以有時也會遇到挫折。這種時候，語言發展較快的孩子會懂得如何向別人求助。

「請教我」「請幫我」「請陪著我一起做」，如果孩子能這樣清楚表達他的心情，也會比較容易得到周圍的協助。

但如果孩子的語彙能力不夠好，他會將所有的心情以「不要」、「我不會」等類似的語句來表現，這樣不但難以得到協助，加上孩子無法表達自己做不到的痛苦心情，這種欲求不滿的心情會轉變成憤怒的情緒。而面對這樣的孩子，家長可以用下列二種方式來對應。

・教導孩子表達心情的片語

・教導孩子可以幫助他解決問題的片語

表現心情的片語，是像下列這樣以形容詞來表現的片語。教孩子越多片語，對孩子會越有幫助：

「傷心」

「孤單」

「做不到所以不甘心」

「很開心」

此外，能協助他解決問題的片語則是：

「請幫我」

「請教我」

「請代替我做」

「請陪著我一起做」

只要教會男孩使用這些片語，他的壓力一定會減少許多。

要教導孩子，當他傷腦筋時，該怎麼說才好喔！

男孩的專注力只會用在自己有興趣的事情上。

女孩與男孩相較之下，比較會對各種領域的事物抱持興趣，所以就算是被要求的，也能順利發揮專注力；但男孩卻不大會對別人要他做的事情抱持興趣，當然也無法專注。男孩的專注力，只會用在自己有興趣的事情上。

常有家長來找我諮詢「我的孩子做事很不專心」這樣的問題，但孩子本來就只對自己有興趣的事物特別積極並且發揮專注力，當他被別人逼著做某件事時，是無法集中精神的。小嬰兒努力學講話，是因為想跟媽媽溝通；小嬰兒開始走路，也是因為想自由去碰觸有興趣的東西。換句話說，孩子的一切行動都是從好奇心開始的。

一般來說，為了讓事物成功而發揮的本能就稱為專注力。比方說，動物要捕捉獵物時，會先凝視獵物一陣子，再一鼓作氣地攻擊。這是動物為了獵取食物，也是為了生存下去而發揮的一種本能——也就是專注力——這種能力在成長的過程中，是一項非常大的助力。

在美國的麻薩諸塞州，有一所學校被稱為「全世界最理想學校」。這間學校的名字是瑟谷學校（Sudbury Valley School），是一九六八年創立於美國麻薩諸塞洲法明罕市的私立學校。就讀孩子的年齡介於四歲到十九歲。

這個學校的方針是，藉由給予幼年期的孩子信賴及責任感，讓孩子學到自己想做什麼、為什麼想做某件事、以及要怎樣才能完成想做的事情，也就是說，所有的兒童及學生都可以自由決定如何使用自己的時間。

實施這種教育方法的結果，大多數學生都進入第一志願的大學，而有八成學生在大學畢業後，也進入別的學校繼續學習。大多數學生都覺得自己的人生很幸福，也都希望自己能為他人服務。由此可見，養成孩子自主性的學習態度，與他社會化相關的成長是息息相關的。

據說瑟谷學校裡的這些孩子，只需短短二十小時，就能學會日本小學生花六年時間學習的算術課程。這似乎不是什麼值得驚訝的事，因為根據專家所言，小學程度的計算能力，其實只要有二十小時就足以學完。那為什麼日本的孩子卻得花上六年的時間來學呢？研究者指出，這是因為一般學校裡的學習時間、計算的量，都已經事先規定好，

而非依照學習者本人的意願去做調整。由此可見，主動學習的態度能把專注力提升到多麼高的境界。

孩子有興趣的事，就讓他徹底進行下去吧！

讓男孩多運動，可培養專注力與一顆堅毅的心！

專注力與運動也有非常緊密的關係。因為能自由控制身體的機能，與忍耐及努力的機能彼此之間是有關聯的。男孩的心性非常不定。才以為他突然迷上了某件事呢，卻轉眼間又膩了！此外，男孩也較容易因為做事不順利就鬧情緒。為了不讓你家的男孩變成一個動不動就放棄的人，請讓他多多運動吧！

孩子的身體強壯，內心也會跟著強壯，同時也能培養出專注力。所以，與其規定孩子靜靜不動坐著學習，還不如讓你覺得專注力不夠的孩子多多運動來得好。

至於哪種運動比較好呢？最好是讓孩子奔跑、跌倒，不單單使用手腳，還會用到身體中心肌肉的運動。人體中，控制全身的神經與控制心智的神經是相關的，而做事無法專注的孩子，是因為他體內將來自大腦的複雜指令轉化為行動的系統還不發達的緣故。所以讓孩子盡情運動身體，譬如盡情丟東西、踢東西，當孩子可以充分控制自己手腳的行動之後，也必然能培養出專注的行動力。

讓我們跟孩子一起嘗試在室內也能進行的培養專注力運動吧！

在稍微大一點的空間裡，說「預備、起」，讓孩子奔跑，然後要孩子聽到你說「立正」

時，立刻停下來；或先畫一條白線，跟孩子說「跑到白線前就要停下來喔」，也同樣能讓孩子在遊戲中培養出專注力。

這個遊戲裡蘊含了一個非常重要的兒童發展要素——就是「停下來」這個行為。當我們看到孩子會爬、會走時，身為家長當然非常開心，但「停下來」這個行為，對孩子而言其實是非常重要的行動。

奔跑中突然停下來、或是往回跑等行動，跟自我控制神經的發達是有關聯的。特別是對一旦興奮起來就停不下來的男孩而言，這具有能讓他的心情穩定下來、並轉換心情的效果。所以當孩子在奔跑中聽到口號就能立刻停下來時，就代表他自我控制的神經確實發展了，而這也會連結到他的專注力，同時促進他忍耐、努力，以及控制情感的能力。

練習在奔跑中突然停下來，就能培養出穩重的孩子喔！

★讓孩子在運動時突然停下來，藉此培養出穩重的孩子

3歲 培養孩子的「獨立心」

對男孩而言，
最重要的獨立心，
要在3歲左右培養。

3歲是培養孩子獨立心的時期。擅長與他人互相協助合作的女孩，是很懂得如何在社會中生存的，也知道該如何尋求他人的協助。相較之下，男孩卻有比較不喜歡請教別人、向他人求助的傾向；因此，如果不培養出男孩能自己抱持目標、並逐步朝著目標邁進、解決問題的能力，他很可能會變成一個動不動就辭掉工作，找不到方向的大人。想讓孩子獨立，絕不能過度保護，也不能過度放任孩子。

所謂獨立，就是自己做判斷、自己實行，並在最後負起應負的責任。孩子過了3歲，就會發展出學習能力，並開始與他人產生關聯——從過去的獨自一人玩耍，變成會和朋友一起玩——在與他人的連結中，孩子開始學習如何努力、如何忍耐、如何與他人合作、以及如何完整地把事情做好。所以孩子3歲時，家長要著重在培養他的獨立心。

當孩子說「我要自己做！」
就盡可能放手讓他做，
這是關鍵時期！

培養孩子獨立心的起點，就是孩子「我想試試看」的企圖。只要孩子自己說「我想試試看」，請家長務必支持他——這時期的孩子最常說的就是「我要自己做」，就像下列這樣：

・想自己把牛奶倒進杯子裡
・一邊感到焦躁，卻又堅持自己扣釦子
・想模仿媽媽使用菜刀
・模仿媽媽打掃的樣子，拿起掃把來
・當媽媽在折衣服時，會說自己也要折衣服

但是，會讓孩子想試試看的，多半是會讓大人感到頭痛的事情。比方說，媽媽趕著做晚飯時，孩子卻開口說他也想用用看菜刀，當下不僅沒有時間，不盯著孩子又很危險；或在打掃時，孩子開口說要拿掃把幫忙，但仔細想想，孩子掃完後，大人還得再掃一次，真是浪費時間；又譬如在折衣服時，孩子也吵著要自己折，但最後總是把衣服弄得皺巴巴的，結果媽媽還是得再折一次。或者，在換衣服時，說要自己扣釦子，卻因為一直扣不好而大發脾氣；又或是拿筆學畫畫，卻因為覺得自己畫不好而發怒；或在折紙時，因為無法折出理想的形狀，乾脆生氣，把紙揉爛。

站在家長的立場，上述每個情形都很麻煩，但是，建議各位家長在這個時期，盡可能多給孩子一些時間與耐心，放手讓孩子盡情做他想做的事。孩子想幫忙的這種企圖，便是萌發貢獻之心的表現；而想自己把事情做好的這種心態，更是孩子自立的開端。如果這時期能尊重孩子的意識，幾年後他不僅能做好自己的事，還會幫忙大人；相反的，如果在這時期不讓孩子多做，他可能會變成一個釦子要別人幫他扣，也不會幫忙任何事的任性男孩。

雖然這段期間對家長而言很辛苦，但如果能有耐心地陪在孩子身邊並幫助他，幾年之後，孩子就能處理好自己該做的事，家長的負擔也會減輕許多——因此，現在是最關鍵的時期。

如果孩子想幫忙，就跟他一起做，結束後，也請打從心裡對孩子說句「謝謝」；如果孩子真的做得不好，也請在孩子沒看見時，再偷偷重新做一遍。請在孩子幫忙時，給他最低限度的協助，讓他有始有終地把一件事情做完。

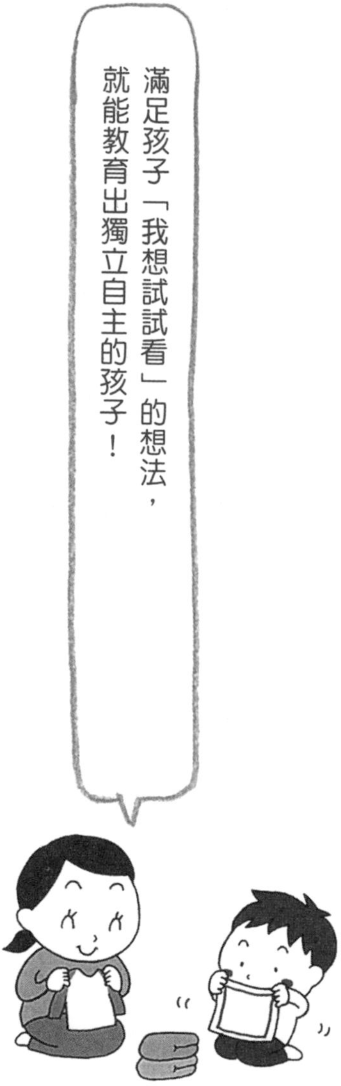

滿足孩子「我想試試看」的想法，就能教育出獨立自主的孩子！

大人要尊重孩子

「我要試試看！」的想法。

當孩子開始表現出「我想試試看！」的意圖時，他想做的，除了幫助大人做事等，與他人產生關聯的事情之外，也會對折紙、拼積木這類追求完成度的事物產生興趣。

3歲是孩子的溝通能力開始顯著發展的時期，也是他開始靈活使用雙手的時期。孩子會透過滿足想做事的欲望，體會到取悅他人時自己也會感到開心，以及把想做的事從頭到尾做完所能得到的成就感。

如果家長能讓孩子實現「我要試試看！」的想法，就能養育出有企圖心的孩子，而如果不讓孩子做他想做的事，就無法培養出孩子的積極性。所以當孩子主動提出「我想做這件事」時，就讓孩子去嘗試吧！就算你清楚知道孩子做不到，還是要讓他去嘗試——正因為是孩子做不到的事，更要讓他挑戰。這樣一來，當孩子重複進行好幾次之後，自然而然就懂得該怎麼做了。

不想教出會怪罪別人的孩子，
就要教導孩子責任感。

在孩子3歲時，就要教育孩子懂得「負責任」這件事——這是非常重要的。

女孩很擅長在事情不順利時向其他人尋求協助，而失敗了或是給別人添麻煩時，她們也很懂得如何傳達出「對不起」的心情；相較之下，男孩則傾向於不管做什麼都要一個人做到最後，就算失敗也不願意承認。

為了不讓你的孩子變成一個會怪罪別人、或惱羞成怒的人，一定要培養出孩子的「責任感」——最好是在教導「獨立」（自己做完一件事）的同時，也一併教導何謂「責任」。比方說：

・要拿玩具玩是可以的，但不可以不把玩具整理好
・把衣服弄髒沒關係，但不可以不把衣服洗乾淨
・把杯子裡的水打翻沒關係，但不可以不拿抹布來擦乾淨

類似這樣的感覺。如此一來，孩子也會了解到，當他說「我要自己做！」而做了某些事情時，他的行為也會對周圍的人帶來各種影響。過去媽媽會因為孩子年紀還小，便無條件地幫孩子做事，但到了3歲左右，孩子已經可以學習要對自己的行動負起責任了。所以「你又把玩具弄這麼亂！」「媽媽洗你的髒衣服很辛苦耶！」「又把水打翻了！你

不能小心一點嗎！」……請不要用這樣的說法來罵孩子，而是要先深呼吸，讓自己冷靜下來後，對他說：

「你要把玩具放回原來的地方喔！」

「自己弄髒的衣服要自己洗喔！」

「把水打翻了，就要去拿抹布來擦乾淨喔！」

就像這樣，教導孩子如何負起責任。當然，孩子自己做可能做不好，因此可以跟他一起做，最重要的是，讓孩子體驗要為自己的行為負起責任這件事。

讓孩子失敗，再讓他自己處理，藉此培養他的責任感。

要怎麼做，才能讓孩子懂得「負責任」呢？

曾經有位3歲男孩的媽媽來找我諮詢。她說，每當她的孩子看到地上有水坑時，就會故意跳進水坑裡，就算媽媽一直跟他說這樣會弄髒衣服，叫他不要這麼做，孩子就是不聽。所以，在下雨之後總要幫孩子清洗弄髒的鞋子跟衣服，而且孩子跳進水坑之後，沾附在鞋子跟褲子上的髒污很不容易清，這又增加了媽媽的工作。

在本書的前段已經反覆說過，孩子所有的行為都有其意義。孩子會想跳進水坑，是因為他想知道跳進水裡時的觸感、雙腳踩水時水花四濺的情形、泥沙跟水混在一起會變成什麼樣子……這一切都源自於他對學習的渴望，就像是在做自然科學實驗一樣。所以當孩子表現出強烈的興趣時，請家長千萬不要猶豫，就讓孩子盡情去做。

但是，大多數的媽媽都不希望孩子把自己弄髒，所以很討厭孩子跳進水坑裡——也就是說，家長的考量與孩子想學習的欲望剛好是背道而馳的。孩子還小時，媽媽要做的事已經多得跟山一樣高了，所以實在不想再增加額外的工作。

但如果這些原本全壓在媽媽身上的負擔，孩子可以自己處理好，你覺得如何呢？

當孩子長到3歲後，他除了能理解各式各樣的事物之外，也開始萌生出獨立心，所以此時就可以教導他，應該為自己的行動負起責任。

我對那位煩惱的媽媽說，希望她可以尊重孩子的意願，讓他跳進水坑。不過，如果媽媽不希望孩子把衣服、鞋子弄髒的話，可以這樣說：「如果你把衣服、鞋子弄髒的話，要自己洗乾淨喔！」

像這樣，清楚地傳達出要孩子負責任的訊息。在這裡最重要的是，不要對孩子說「不可以弄髒喔！」

因為在這種時候，**我們最大的目的，是要讓孩子對自己做出的行為負責**，所以讓孩子弄髒後再自己洗，他才會知道清洗髒汙有多麼不容易；有過這樣的經驗後，他就會發自內心、心甘情願，小心地不弄髒衣服。

那位母親立刻履行了我給她的建議，當孩子似乎想跳進水坑時，她就對孩子說：「跳進水坑裡會把鞋子弄髒，弄髒了，就要自己洗乾淨喔！」

當天晚上，孩子就和她一起學習如何洗鞋子；對那個孩子而言，清洗鞋子好像也是件開心的事。而同樣的情形重複幾次之後，那孩子想跳進水坑之前，會先跟媽媽說：「媽媽，我會自己把鞋子洗乾淨的！」

當然，孩子自己洗沒辦法把鞋子洗得很乾淨，所以終究還是要勞煩媽媽。不過在那之後，這個已經知道弄髒鞋子就要自己洗乾淨的男孩，有時會這麼說：「我今天不想洗鞋子，所以我不玩水了！」或是主動先換上雨鞋再玩——也就是說，他會自己思考、自己決定不要跳進水坑，或是在玩耍之前先做好準備。

當孩子學會對自己的行動負責之後，教養這件事會變得出奇地輕鬆！這是因為，日後當孩子說想做什麼事時，你都可以答應他——你知道再也不用幫孩子善後了，當然可以輕鬆地接受孩子提出的要求，對孩子發脾氣的次數也會變少——因為你的孩子已經學會如何處理好自己的事了！

不希望孩子老是跟人打架，
就要培養他的談判力。

男孩長到3歲左右時，就開始喜歡和其他朋友在一起。但和朋友們開心玩在一起時，彼此的爭執也會變多；有時男孩間的爭執會演變成手腳並用的打架。這是因為相較於很會用語言來表達想法的女孩，男孩比較不會用說的，而這種煩躁的情緒往往透過肢體爆發出來。

對於孩子之間的爭執，剛開始一定要由大人居中仲裁協調才行，但一定要讓孩子逐漸學會自己思考，靠自己解決。讓孩子學會這種出社會後必要的「談判力」，也才能讓他擁有將來在社會生存的能力。

現在針對家庭內兄弟間的吵架來想想看——事實上在我家，兄弟之間的吵架也是永無止息的。前幾天他們為了要看什麼電視節目而大吵了一架。

「我要先看這個！」「我想看別的節目！」「我想看！」「我也想看電視啦！」

「媽媽！」弟弟邊叫邊跑到我的身旁。來了來了……現在是要我去幫他解決問題的意思對吧？

「這樣啊！你們兩個人想看的節目不一樣啊！那要怎麼辦才好呢？」

「對了，我們用猜拳來決定好了！」3歲的弟弟這麼說。這也算是個正確的意見吧！

「可是媽媽希望你們不要用猜拳，試著好好商量之後再做決定好嗎？」

「可是，托兒所裡的老師每次都叫大家用猜拳來決定啊！」

我並不是說猜拳這樣的做法不好，只是今後孩子們要面對的現實社會，有很多事是無法用猜拳來決定的。**爭執對孩子而言，是最適合學習人際關係及如何談判的機會。**因為很難得有「爭執理論」的機會，所以我希望家長在這個時期，能開始教孩子各種解決問題的方法。因此那天，我和兩個兒子一起討論，希望能以商量的方式來解決這個問題。但在那之後，他們兩個還是「我要看！」「我要看！」地僵持不下。同時，看電視的時間也正逐漸減少，繼續爭執下去的話，電視節目都快播完了！

- **用猜拳來決定**↓弟弟猜輸了就開始耍賴
- **今天忍耐不看的人，明天就可以看**↓兩人都堅持今天要看，互不相讓
- **兩人各看十分鐘**↓兩人都不願意接受

雖然我提出了幾個建議，但都沒辦法順利解決紛爭。節目就快播完了，這樣下去，他們兩人都看不到想看的節目了。就在這時，哥哥提出了一個創新的建議：「今天忍耐不看的人，明天跟後天可以看兩天的電視，這樣如何？」

弟弟好像無法判斷今天立刻就可以看，以及今天忍耐就可以看兩天電視這兩個條件，究竟哪一個比較好，但是當哥哥說出「所以我選擇今天忍耐」時，弟弟也很高興地說「那我今天就可以看囉？」就以這樣的方式解決了這個問題。弟弟在當天看了電視，而且也能接受往後兩天哥哥都可以看電視的結果。

弟弟其實只看到最後五分鐘的電視節目就去睡了。以這個結果來看，條件對弟弟是比較不利的，但因為弟弟「現在就想看電視」的期望得到了滿足，所以也讓這個談判能夠成立。

當兄弟之間吵架時，家長總會忍不住對哥哥說「你就讓弟弟看吧」「你忍耐一下吧」。但所謂的談判，就是在出現紛爭時，思考並提出一個雙方都能滿足的第三個解決方案。如果以猜拳來決定的話，雖然猜贏的那一方很滿足，但猜輸的那一方就得忍耐才行。而如果家長說「因為你是哥哥，所以要忍耐！」這種要求會使哥哥總是得放棄自己的需求，這並不是一個很好的解決方法。

只要孩子能夠解決問題，爭執也會減少。如果你家的孩子幾乎每天都不停爭吵的話，就請給予他們解決問題的機會吧！

孩子吵架時，就讓他們自己思考雙方都能接受的解決方法。

把他說過的話
重複一遍給他聽，
男孩才會感到安心，
並逐漸獨立。

到了萌生獨立心的這個時期，孩子與他人接觸的機會變多，相對的問題也變多。因為孩子會很在意別人的想法是不是也和他一樣，所以大人必須給孩子明確的建議，讓他學習善惡之分。為了做到這一點，請注意以下幾個重點——

・把孩子說的話重複說給他聽
・用言語把孩子當下的情感重新表達一次
・站在孩子的立場，換個說法再說一次

這個時期的男孩，當「我要試試看！」的心情得到滿足時，就能培養出獨立心。但如果孩子在做任何事時，大人都要插嘴告訴他該怎麼做，就無法培養出對孩子而言最重要的思考力。當孩子遇到什麼問題，來找你求助時，請把孩子說的話再重複說一遍，表達出你對他行動的「認可」，再用言語幫孩子把他的心情說出來，表達你和他的「同感」，這樣就能協助孩子萌生自己採取行動的力量。

有個男孩在滿3歲之後，會說的話變多，跟朋友之間的爭吵也變多了。而每當那個

男孩和其他小朋友發生爭執時，他一定會來到老師面前努力地告狀。碰到這種情形時，**「重複他的話」**就是很好的方法。

「老師，○○他剛剛打我！」

「○○他剛剛打你喔？」

「這邊，我這邊好痛喔！」

「這樣啊，你覺得好痛喔？」

「對啊！」

「然後呢？」

然後，老師跟這位男孩暫時對看、沉默了一陣子。看來老師給予的反應，似乎跟男孩原本所期待的反應不同。一會兒之後，男孩知道老師不會給他意見，所以他回答說：「講完了！」便回到朋友間玩了起來。像這樣的情況，一天之內會發生好幾次。

乍看之下，這孩子像是完全沒有學到教訓，一直來找老師告狀，但他和老師之間的對話也逐漸產生變化。

「老師，我的朋友他啊……」

「嗯？」

「講完了！」

就像這樣，只說了這些，他就一臉滿足地回到朋友身邊了。因為他已經不需要一一報告發生了什麼事，只要老師肯聽他說話就滿足了。這孩子不再來告狀應該也是早晚的事吧！

男孩之間的爭執打架，嚴重時，真的會激烈到讓大人擔心的程度，要怎麼對應也讓人傷透腦筋，更別說有孩子哭著跑來告狀時，大人一定會忍不住趕到現場——「快說，到底發生了什麼事？」「大家要好好相處才對啊！」大人都想這樣跟孩子說吧？

但進入社會後，是不會有老師過來幫忙的。所以，學習正確解決糾紛的方法是無

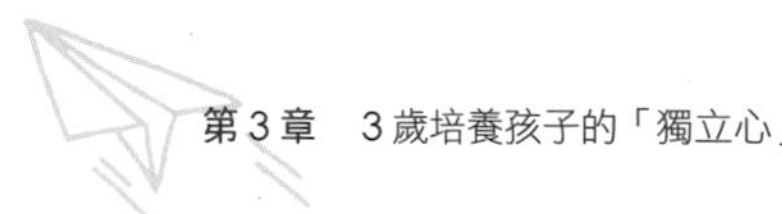

關年齡的。當然，問題真的很大時，大人的確得好好做仲裁才行。只是，很多孩子之間的爭執都是為了一點小事——這種時候，前述的對應方法是很有效的。

孩子會在跟別人吵架時跑來跟老師報告，是因為他知道老師一定會幫他。也許是因為他以前有過這樣的經驗，跟老師告狀後，老師就如他所願地去責罵其他小朋友！

但老師也不可能永遠都在孩子有爭執時，持續幫助其中一方，所以一定要想辦法讓孩子自己找出解決爭執的方法，將來孩子在學校或社會上面臨人際關係問題時，必定能派上很大的用場。而對孩子的認可與同感，能提早讓家長脫離替孩子仲裁的情形。

孩子真正需要的，並不是「好」或「不好」的評價，而是需要有人能了解他的痛楚，只要有人可以了解他的痛楚，孩子的怒氣就會立刻平息下來。就像前述的孩子與老師間的對話一樣，孩子知道把自己的不開心說給老師聽以後，就可以有效地平息怒火。幾次之後，孩子就會察覺到，其實跟朋友說這些事也有一樣的效果；之後他更會發現，有時不用找其他人，使用一些方法也能讓自己平息怒氣。於是，他就會了解，情緒其實是可以靠自己控制的。

★以「重複孩子的話」來讓他學習如何控制情緒

用錯誤的方法責罵男孩，是讓他依賴成性的元凶。

孩子過了3歲以後，就已經具備可以理解並判斷別人說的話的能力，因此，只要以正確的方式來責罵孩子，孩子也能正確理解大人所責罵的內容。但是，如果大人一直以情緒性的言詞來辱罵孩子，孩子會對被大人責罵這件事抱持恐懼感，而成為一個只知服從大人說的話且依賴成性的孩子。

女孩在被罵得很慘時，會說出類似「我最討厭媽媽」這樣的話來反擊，但男孩受到強烈言詞的打擊常常不反駁，卻會在心裡留下傷痕。所以在責罵孩子時，請務必注意責罵的方式。

不能只是發怒，而是好好地責罵孩子。「發怒」是來自情緒的一種行為，會給對方的內心帶來傷痛，迫使對方反抗或逃避；而「責罵」則是認同對方，但希望對方能改善某個行為，而抱持著意圖所進行的。只是一味地「發怒」，會將孩子本身都否定掉，請務必小心。

「媽媽沒有你這種小孩！」「你真是笨死了！」「到底要講幾遍你才會懂？」請千萬不要對孩子說出這些話。

當然，媽媽也是凡人，會發怒也是理所當然的，只是上述這些說法會傷害孩子的自我肯定，會讓孩子失去自信。被爸媽這樣罵時，孩子的內心很痛苦，卻不知該如何改善才好，只是感到很受傷、很迷惘。

所以，應該以冷靜的說法，來要求孩子改善某個特定的行為。

「要遵守和別人訂下的約定。」

「大人說的話要聽。」

「回到家要先去洗手。」

用這樣的說法，讓孩子清楚知道該如何改善。

除此之外，「發怒」跟「責罵」間還有一點不同——「發怒」時，是看著負面及過去；

相較之下，「責罵」則是看著正面且預想未來的。請讓孩子知道自己該做什麼，並且得到成長，所以要狠下心，以正確的方式「責罵」孩子。

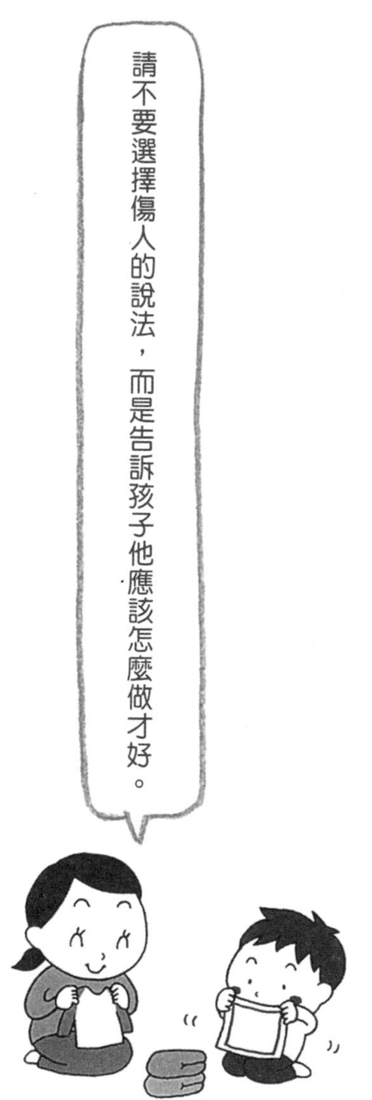

4歲 培養孩子的「忍耐心」

孩子開始會耍賴的時期，
要堅持原則，
別屈服於孩子的任性。

男孩長到 4 歲左右，會逐漸出現任性耍賴的行為。因為男孩無法透過語言來完整表達自己的心情，只好用全身肢體來表現內心焦躁的情感，並且頑固地重複一樣的行為。

身為母親，一定都曾為了孩子的任性行徑感到頭疼吧！雖然有的孩子非常任性，但也有些孩子不常做出任性的行為。你覺得他們之間有什麼不同呢？不會任性耍賴的孩子，並不代表一切都讓他感到稱心如意。每個孩子都有他的欲求，而欲求也不總是能得到滿足──他們之間的差別，只在於不任性的孩子知道要怎麼處理心情而已。

比方說，有一天在超市裡發生了這樣的事──因為聽到小孩的哭叫聲，回頭一看，發現有個 4 歲左右的男孩，手拿著零食的盒子，大聲哭叫著「買啦！買啦！」但環顧四周，卻沒看到像是他媽媽的人跟在身邊。

接著，在距離孩子有點遠的地方，發現媽媽也用很大的聲音叫著「我不是已經說過不買了嗎！」還作勢要丟下孩子不管。這是很常見的景象對吧？看來是孩子哭叫著要媽媽幫他買零食，但媽媽說不可以！過了一會兒，再看到那對母子，發現孩子已經停止哭泣了，還以為是孩子放棄了呢！仔細一看，卻發現他手裡牢牢抓著那盒零食，原來是媽媽終於妥協，買零食給孩子了。

孩子會遵循自己曾有過的成功經驗——就像上述的例子般，大多數用哭叫的方式來要求買零食的小孩，都是因為他們知道只要哭鬧，大人就會買給他們——孩子會採取的所有行動，都是從經驗學習而來的成功法則。看到這個4歲左右的男孩，一臉滿足地拿著他的零食，我就知道他經歷的大概是這樣的階段：

1. 孩子拜託媽媽買零食給他
2. 媽媽說不行
3. 不管媽媽說幾次不行，孩子依舊大哭大鬧
4. 媽媽終於妥協，說了「只有今天喔」，然後買了零食
5. 孩子停止哭泣

這個孩子知道，只要任性地大哭、耍賴，大人就會買他想要的東西給他。繼續這

樣下去的話，這孩子會變成一個沒辦法忍耐的孩子。

孩子長到 4 歲，已經可以理解語言，也可以學習忍耐了。所以，首先要下定決心，絕不能妥協於孩子的哭鬧之下！

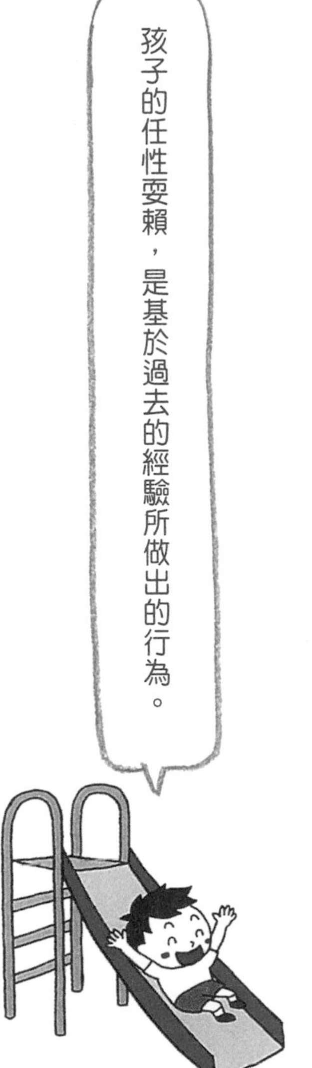

以「好啊」的話術，
讓孩子學會耐心等待。

下定決心要訓練孩子忍耐的話，首先可從「等待」開始教起——也就是讓孩子練習稍微等一下之後，再開始做他現在想做的事，並將孩子等待的時間一點一點地拉長。

總是任性耍賴的孩子、一不順心就大聲哭鬧的孩子，是因為他們不知道自己的願望到底會不會實現？什麼時候實現？也不知道自己該怎麼做才好？處在欲求不滿的狀態之下。所以，請先對孩子說「好啊」，代表你接受了孩子的要求，然後再告訴孩子，只要他願意等一陣子，願望就能得到滿足。接下來，我想舉幾個例子。

清楚地告訴孩子要等多少時間。

孩子說：「媽媽，我可以玩溜滑梯嗎？」

請不要說：「不行，我們沒有時間！」

而是說：「好啊，等五分鐘以後再看！」

孩子說：「媽媽，妳看妳看！」

請不要說：「不行，媽媽現在很忙！」

而是說：「好啊，但只能溜五次喔！」

用孩子可以理解的次數來回應他。

孩子說：「媽媽，買玩具給我！」

請不要說：「不行，我不是說過今天不能買嗎？」

而是說：「好啊，等你生日的時候買！」

具體地告訴孩子什麼時候會買。

重點在於，一定要先對孩子說「好啊」，接受他的要求後，讓孩子知道不是現在就做，要清楚地告訴他具體的時間或日期，讓他知道自己只要再等待一陣子就好。孩子在聽到大人說「不行」時，就會賭氣堅持要貫徹自己的主張，但如果聽到大人說「好啊」，他的反抗心就會變弱。

另外，也不能對孩子提出太過誇張的條件，因為這個方法最主要的目的是讓孩子學會等待，所以重點是，時間或日期必須設定為孩子稍微努力一下就能達到的才行。

拿前面在超市購物的母子為例——當孩子說「買餅乾給我」時，「好啊，等媽媽把該買的東西都買完以後喔！」請媽媽以溫柔但堅定的語氣，向孩子貫徹自己的主張。最重要的是，請務必遵守與孩子間的承諾。

孩子為了讓媽媽買東西給自己，一定會努力等到媽媽買完所有的東西；當孩子可以做到這點後，再請媽媽逐漸增加孩子等待的時間或天數。

「好啊，明天買給你。」

「好啊，禮拜天買給你。」

最後，孩子就可以等待到跟媽媽約定好的日子了——

「只有禮拜天可以買零食，而且要等到該買的東西都買完以後！」

在做決定時，所定下的規矩一定要親子雙方都同意才行。只有媽媽單方面提出的規定，孩子是不會願意遵守的，所以要好好地跟孩子說。等一起定好規則之後，不可思議地，孩子也會因為這個規則是自己決定的，而願意好好遵守。

「今天是不可以買零食的日子對不對？」
孩子也許會自己主動說出這樣的話。

當聽到孩子這麼說時，
「媽媽很高興你遵守跟我的約定喔！」
請務必認同孩子的小小忍耐。

不久之後，
「今天不是禮拜天，所以我不會買東西的！」
孩子也許會說出這樣的話喔！

和孩子定下約定，並且務必要讓孩子遵守！

×劈頭就先說「不行」

○在孩子可以忍耐的範圍內讓他等待

培養孩子克服困難能力的說話方式。

會任性耍賴的孩子、無法忍耐的孩子，是因為他們不懂該如何對應當下發生在眼前的現象，才會把內心焦躁不滿的情緒直接發洩出來。如果孩子知道該怎麼做才能滿足自己的欲求，或知道自己的不滿是否能得到消解，他們就能壓抑自己的情緒，並學會忍耐——而透過日常會話來教導孩子事物的因果關係是很有效的做法。

比方說，當孩子鬧脾氣說「好熱！好熱！」時，就對他說

「現在好熱，那我們脫掉一件衣服吧！」

當孩子說「我肚子餓了！」時，就對他說

「等三點到了，我們就來吃點心吧！」

當孩子說「我好累！」時，就對他說

「你很累啊？那我們來休息吧！」

對大人而言理所當然的事，對孩子而言，要把各種事物的因果關係串連在一起是很

困難的；所以，大人應以具體的提案，讓孩子知道在各種情況下，可以做什麼樣的對應。

有一個4歲的小男孩，他上的幼稚園離家要走路二十分鐘。平常他都開開心心地和媽媽一起走去幼稚園，但有時卻會耍賴地跟媽媽撒嬌說「我累了，媽媽揹我！」雖然這個孩子才4歲，但如果每天上學都要媽媽揹他去的話，媽媽也會累壞的。到底該怎麼做才好呢？

孩子覺得累的時候想要大人揹他，是因為在過去的經驗中，曾有過累了、哭鬧之後，被大人揹在身上而覺得很開心的經驗；在他的認知中，累了就讓大人揹，是他知道的唯一選項。

而連要大人揹這個手段都想不到的孩子，就只會「我累了！我累了！」地鬧個不停。如同前面所舉的例子，累了就休息，對大人而言是再自然不過的想法，但會教導孩子這件事的大人，卻少之又少。

所以，我向先前那位媽媽提議，當孩子喊累的時候，就用剛剛的話術來告訴孩子該休息了。之後，當孩子說「我累了」時，那位媽媽就說「你累了，那我們稍微休息一下吧！」然後帶孩子在附近的長椅上坐下來休息。

結果，孩子也非常乾脆地接受了媽媽的提議，和媽媽一起坐在長椅上休息。休息一陣子之後，孩子又自己主動說「我們走吧！」這位男孩也學到——累了只要休息就好——這樣的因果關係。之後，每天走路去幼稚園時，他也養成了在途中的長椅上稍微休息一下的習慣。

如果你想教養出身心堅強的男孩，務必要培養出他凡事不怪罪別人，而是靠自己克服的力量。孩子的經驗還不夠成熟時，需要大人的幫助；而這裡所說的幫助，就是「給孩子一個小建議」這樣簡單的方法。

只要教我解決對策，我就可以自己克服困難喔！

爸爸也積極參與育兒，
就能培養出有耐心的孩子。

有研究指出，爸爸積極參與育兒的家庭，能培養出孩子面對困難時努力克服的力量，這是因為男性有重視經驗並從中得出結果的傾向。比方說看地圖時，女性會確認下一步要在哪裡轉彎，而男性則會查好目的地的方位，只要前進的方向是正確的，男性就不會在意一定要在什麼地方轉彎。

跟孩子一起散步時也一樣，當孩子撒嬌說「累了」時，當爸爸的，並不會在意散步途中孩子要休息多久，只要最後抵達目的地就可以；有時爸爸不會聽取孩子的意見，但還是會引導孩子抵達目的地。

就像這樣，媽媽跟爸爸處理事情的方法是不同的。所以當媽媽對孩子的任性感到疲累時，就大著膽子把孩子交給爸爸試試看吧！我相信爸爸一定會找出跟媽媽完全不同的處置方法。有時就讓父子兩個男性單獨出門去吧！孩子一定會經歷許多大膽的經驗，而在回家時變得更堅強的！

第5章

5歲 培養孩子的「體貼心」

各種體驗是培養孩子體貼心的最佳基礎！

和女孩相較之下，男孩比較不擅長察覺他人的心情。女孩對自己沒經驗過的事，也可以用想像的，嘗試去了解對方的遭遇有多麼痛苦；但男孩通常只對自己體驗過的事物才會有感覺，因此在教養男孩時，他得經歷難過，才能體會別人的難過；得經歷悲傷，才會了解什麼是悲傷。

孩子的體貼心，可以在他的共感能力開始發達的5歲開始培育。孩子要能體貼待人，就必須站在對方的立場，理解對方的心情。孩子跟朋友互搶玩具時，會忍不住出手打人，這並不代表孩子沒有體貼心，只是因為他很想要那個玩具而已——因為孩子想要玩具的想法太過強烈，所以才會用力拉扯，或出手打對方。

在這種時候，就算大人對孩子說「你不可以打人」，孩子也只會回答「可是人家就是很想要嘛！」這也是無可奈何的事。

所謂的共感能力，要透過各式各樣與他人的交流才能逐漸學會。所以當有人對自己不好時，就能體會到那種不開心的感受；而有人對自己好時，就能體會受到別人體貼關懷時的喜悅，這是一種以經驗為基礎而逐漸完備的能力。

之前我在幫孩子們上體操課時，有個機會讓孩子們一一發表所學過的體操動作。在這種時候，有的孩子表現得幹勁十足，但也有看起來很沒自信的孩子。有一個5歲的男孩，在他3歲的朋友要挑戰發表動作時，發自內心地對朋友說了「加油喔」這句話。這句話似乎很常聽到，但尚未就學的孩子，一般很少會說這句話。

那位鼓勵朋友的男孩，一定是看到朋友忍著緊張情緒準備表演動作時，也感同身受地感受到小小的痛楚吧！這真是一句非常溫暖的話。體貼心與共感，會在我們感受到他人痛苦時萌發出來；而想為對方打氣、鼓勵對方的心情，則是從克服了小小痛苦這種經驗裡所產生的情感。

有過不開心的經驗，才能產生懂得體貼關懷他人的心！

善用遊戲與圖畫書，讓粗暴的孩子有顆溫柔體貼的心！

雖說要讓男孩也能擁有為他人著想的體貼心，最好的方法，就是讓孩子也體會不開心的經驗。但除此之外，角色扮演遊戲與圖畫書也都能幫上忙。

所謂的角色扮演遊戲，就是假扮成媽媽或假扮成醫生、用娃娃玩扮演遊戲、和娃娃說話；一會兒扮成醫生，一會兒扮成爸爸媽媽就是這種遊戲的特徵。這種遊戲，也可說是一種協助孩子建立自己在社會中的角色，以及了解自己與他人關係的遊戲。

雖然孩子在日常生活中總是非常努力地彰顯自我，但扮家家酒遊戲就是要讓孩子變身成自己以外的人，或讓孩子將自己的心情投射在圖畫書中登場的角色上，能幫助培養孩子的共感能力。

我曾看過這樣的案例，一個偶爾會做出粗暴行為的5歲男孩，雖然活力十足這點很棒，但他常不經大腦思考就做出各種行動——和朋友一起玩時，總是馬上搶走玩具；一不順自己的意，就推倒朋友；有喜歡的小女生，卻不知該如何傳達想和對方一起玩的想法，反而故意去欺負人家。

每次他出現這些行為，老師都會說「不可以對別人這麼粗魯！」但那個孩子總是不大看老師的眼睛，無法得知他究竟有沒有聽到老師對他說的話；且過了不久之後，他的粗魯行為又故態復萌了。

當我聽到這個狀況時，心裡想的是：「這孩子絕不是生性就這麼壞，而是他完全只隨自己的心情行動，根本沒有思考到對方的心情吧！」所以我認為「扮家家酒遊戲」對這個孩子是有效的，於是請他的老師嘗試看看，用娃娃讓那個孩子看到自己對朋友做過的事。

雖說男孩通常並不特別喜歡「扮家家酒遊戲」，但因為老師帶著娃娃來找他一起玩，所以他也開心地和老師玩了起來。之後老師拿著小兔子娃娃，讓男孩拿著小熊娃娃。小兔子娃娃對小熊娃娃說：「哈囉，我們來玩吧！」

「好啊。要玩什麼呢？」

「我們來玩積木吧！」

「好啊好啊！」

於是小熊和小兔子就開心地堆起積木來了。接著，小兔子突然說：「啊～我都堆不好！討厭！我不要玩積木了！」然後，粗暴地把堆好的積木推倒——小兔子就是在模仿那位男孩經常做的行為。

大家知道那位男孩看到這一幕後做了什麼嗎？

小熊因為小兔子突如其來的轉變而嚇了一大跳，盯著小兔子看了一會兒後，對小兔子說：「沒關係喔！你可以堆得好的啦！」

小兔子說：「沒辦法啦！你看嘛！馬上就倒下來了啊！」聽到小兔子這樣說，小熊說：「慢慢堆堆看嘛！就像這樣啊！」還一邊做起示範來，可以看到小熊很努力勸說小兔子。雖然小熊給小兔子各式各樣的建議，但小兔子還是很任性，而小熊仍然很有耐心地陪著小兔子。

有了小熊的幫忙，最後，他們終於用積木堆好了一個城堡，於是小兔子說了這句話——「小熊，謝謝你！」

小兔子所做出的行為，是老師刻意模仿扮演小熊的男孩平時的言行。小熊雖然對小兔子突如其來的任性感到有點困惑，但還是很努力地幫忙小兔子到最後。

透過這樣的扮演遊戲，可以知道這位男孩擁有溫柔的心，而且只要冷靜下來，他也懂得如何去體貼別人。如果不是因為小兔子與小熊的角色扮演，男孩可能也會說：「你不要再這麼任性了！我不跟你玩了！」但不可思議的是，在扮演小熊與小兔子時卻是很理性的，所以這位孩子所扮演的小熊，不管對方再怎麼任性，他也沒有當場翻臉。

這位男孩與老師，每天都重複這個堆積木的遊戲，而小兔子也每次都會哭鬧任性。玩這個遊戲過了一段時日後，某天，小熊在跟小兔子玩之前，對他說：「我會幫你堆的，所以今天不要再哭了喔！」也就是說，這位男孩已經**學會體貼關懷別人**了。

從那時起，男孩的問題行為也大幅減少了，當然他偶爾還是會有一點小小的任性，而每次出現這種情況時，老師就跟他重複進行小熊與小兔子的扮演遊戲，這樣的做法其實比用言語來斥責他要來得更有效。

在此，另外告訴大家一件重要的事。**我們會想對他人親切體貼的最大理由，就是**

因為對方會很開心。所以請讓孩子理解，待人溫柔體貼，對方是會很開心的！因此，在遊戲的最後，請絕對不要忘了說「真的很謝謝你」這句話喔！

娃娃扮演遊戲可以讓我學到體貼喔！

出自真心的
「謝謝」與「對不起」，
能培養孩子的溫柔特質。

和女孩相較之下，男孩比較不擅長用言語表達自己的心情。當他做了壞事時，就算心裡知道是自己不好，卻說不出「對不起」這三個字；當有人對他好的時候，他心裡雖然很高興，也說不出「謝謝」這句話。

但是，趁著男孩還小的時候，把他教養成一個說得出「謝謝」、「對不起」的孩子，是件非常重要的事。

當男孩從朋友那裡拿到餅乾時，媽媽對孩子說「有跟人家說謝謝嗎？」聽到媽媽的話，孩子小小聲地說了「謝謝」。或是當孩子做錯事的時候，媽媽對他說「怎麼沒說對不起？」聽到媽媽的話，孩子有點不甘願地說了「對不起」，這是常有的情況吧？媽媽為了讓孩子懂得說「謝謝」與「對不起」，會嚴格地提醒他，但他卻表現得像是被逼著說一樣，完全不是出自真心。

「謝謝」與「對不起」如果不是出自真心的話，就沒有任何意義。而這又是很難教會孩子的一點，到底該怎麼做才好呢？

曾經有人對他說謝謝，而讓他發自內心地想對人更好——有這種經驗的孩子，才能真正打從心底說出「謝謝」。而可以真心誠意說出「對不起」的孩子，也一定有過這樣的經驗：當聽到別人對他說「對不起」後，感受到被公正對待是多麼地暢快。所以最好的方法，就是大人也要在平時的生活中，提醒自己時時打從內心說出「謝謝」與「對不起」。

請出自真心地說「謝謝」與「對不起」喔！

★真心誠意地對孩子說「謝謝」

對男孩而言，
爸爸說的「謝謝」與「對不起」
是最好的範本。

想培養男孩的體貼心，由爸爸對孩子說「謝謝」與「對不起」是最有效果的。這跟男孩不擅長用言語來表達心情一樣，很多時候，身為父親的人，也不怎麼擅長以言語來表達自己的想法。

所以當孩子聽到高大強壯又帥氣的爸爸跟自己說「謝謝」時，會覺得自己也變強壯了、能派上用場了；而凡事穩當、看起來不會犯錯的爸爸，竟然對自己說「對不起」，也會讓孩子覺得自己做對了，有得到認同的感覺。

某個星期日，爸爸為了修理家具，正在用釘子把木板釘起來。這時，家裡的5歲兒子朝爸爸靠過來。

「這裡很危險，不要靠過來！」

「不要在這裡礙手礙腳，走開！」

你家的爸爸是不是也對孩子這樣說呢？但這樣的說法，不但會在瞬間破壞孩子的好奇心，也會讓孩子想幫助別人的念頭變得越來越小，最後成為一個只想到自己的孩子。

以下這樣的對話方式則是較為理想的。

「爸爸，你在做什麼呢？」

「你來得正好，我正要開始釘釘子，你可以幫我把木板壓住嗎？」

「嗯，我知道了！」

「好，這樣就完成了。因為有你幫爸爸壓著木板，所以釘子也可以釘得很牢。那你可以再幫爸爸把釘子收進箱子裡嗎？」

「嗯，好啊！這樣可以嗎？」

「你收得很好喔！釘子要是掉到地上就很危險。你真的幫了爸爸很大的忙喔！謝謝你！」

在類似的情況下，出乎意料地，有很多爸爸會忘了說最後那句「謝謝」，但請務必好好地對孩子說聲「謝謝」。因為孩子原本就渴望受到爸媽的稱讚，而且孩子也很喜歡幫忙，每個孩子天生都有想被派上用場的欲求。而這種時候，就是培養孩子體貼心的絕佳機會！請接受孩子想幫忙的一片心意，再用一句「謝謝」來讓孩子感受被人感激的喜悅吧！

另外也有這樣的情形──

爸爸正要看電視時，卻找不到電視遙控器，這時被爸爸懷疑的，就是剛剛看過電視的5歲兒子。

「剛剛是你看電視的，對吧？你把遙控器放到哪裡去了？」

「我、我不知道啊……」

「還不快找！」

「喔！」

雖然男孩不知道遙控器在哪裡，還是無奈地找了起來，但不管怎麼找都找不到；這時，等著兒子尋找遙控器的爸爸，也逐漸焦躁了起來。

「真是的，你到底放到哪去了！」

爸爸生氣地從椅子上站起來後，卻發現遙控器就在他剛剛坐著的椅子上，原來是爸爸沒注意到椅子上有遙控器，就這樣坐了下去。

「爸爸，遙控器在這裡！我就說不是我弄不見的嘛！」

「好了好了，下次要記得把遙控器收好！」

找不到遙控器確實不是這位男孩的錯。大人在遇到這種情況時，總會因為覺得尷尬，而想把自己懷疑孩子的這個事實給蒙混過去。但遇到這種情況時，爸爸的一句「是爸爸自己沒注意到，剛剛懷疑你，真的很對不起！」對孩子而言，是非常重要的。

這句話可以瞬間消除孩子受到懷疑的不安感。剛剛還在大發脾氣的爸爸，承認了自己的錯誤，會讓孩子的內心有種痛快感。孩子也許會脫口說出「就是嘛，我剛剛不是說了，不是我弄丟的嗎？」像這樣賭氣的話。但來自爸爸的一句「對不起」，對孩子而言是有重大意義的。

如果你希望孩子能勇於承認自己的錯誤，並當個真誠的人，首先要從爸爸能堂堂正正地對孩子說「謝謝」與「對不起」開始做起。

大人要當勇於承認錯誤的榜樣給孩子看喔！

6歲 培養孩子的「自信心」

缺乏自信心的孩子，為什麼越來越多呢？

請在孩子6歲時，確實培養他的自信心。所謂的自信，就是認同自己出生的意義，以及自己生存的價值，而且會成為活出自我本色的最大能量。

在一個與孩子自信相關的調查中，有個問題是問孩子對自己的算術學習狀況有沒有自信。美國的孩子有七〇％回答「有」；相對於美國，日本的孩子僅二〇％回答「有」——這恰恰表現出日本人的自信不足。不只是算數，在日本，可以肯定說出「自己有存在價值」這句話的孩子，應該也只占極少數。

有自信的孩子，比起沒有自信的孩子，在長大之後更能發揮自身能力，也比較不在意他人的評價，而能對多種事物抱持興趣並勇於挑戰。

但是，當孩子過了某個年齡之後，就開始會說出像「因為我做不到，所以我不要做」這樣負面的話。這是因為孩子們困在一個有限的環境中，被大人們用一把相同的尺，拿來與其他同年齡的孩子做比較的關係。但只要孩子能感受到自己是被愛的，就有能力克服這樣的負面情感。

那麼，接下來就針對孩子的自信心，給他一個簡單的測試吧！請問你的孩子以下兩個問題：

「你覺得自己被某個人愛著嗎？」

「那個愛你的人是誰呢？」

從孩子 6 歲左右開始問這兩個問題是有效的。孩子間自信心的差距會在 6 歲左右出現，不過，也可以從孩子 3 歲開始會跟人對話時就這麼問他。如果孩子聽不懂「被愛」是什麼意思，也可以問他「最喜歡你的人是誰啊？」這麼問之後，經常會出現類似下列的對話。

「媽媽？」

「是媽媽呀？」

「對啊，因為媽媽每次都會給我抱抱！還有爸爸！」

「爸爸啊？」

「嗯，因為爸爸每次都會陪我玩。還有爺爺奶奶，他們都會買玩具給我！」

如果孩子能這樣回答就太好了。不管孩子說的原因是什麼都行；孩子能舉出越多人，就越能顯示他的自信心。

偶爾孩子也可能說出「爸爸一定很討厭我，因為他每次都罵我」這樣讓人心驚的答案也不一定，這就是家長的愛沒有充分傳達到孩子心裡的最佳證明。請務必以孩子能夠理解的語言讓他知道，罵他是希望他能變得更好，並讓孩子了解父母親對他的愛。

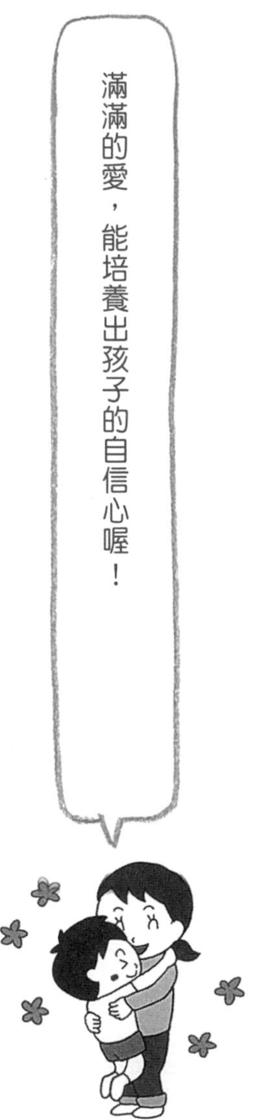

母親真心信任孩子，孩子就能發揮他的能力。

只要媽媽對孩子說「沒問題的喔，你一定可以做到的！」孩子就一定做得到。

因為媽媽和孩子相處的時間很長，所以對孩子的優缺點清楚得很；因此，當孩子快要失敗時，媽媽總會忍不住搶先一步想要幫助孩子。只是，孩子在發現「媽媽覺得我大概做不到」的那一瞬間，成長速度就會變慢。相反的，如果媽媽相信孩子會成功，並鼓勵他，孩子的成長速度就會加快。

有一位6歲的男孩，正在練習體操中的橋式動作。我對那位孩子說：「你每天作練習，下個禮拜就能學會了喔！」孩子和他的媽媽聽到我說的話，似乎都很驚訝！「咦？下禮拜就能成功嗎？」「騙人，我沒辦法啦！」兩人都難以置信的樣子。那個孩子要回家前，又跑來反覆問了好幾次：「老師，我真的能學會嗎？」「老師不是騙人的吧？」我對他說：「你一定可以學會的，所以每天都要練習喔！」那孩子一邊大叫著：「要是我學不會，就是老師妳說謊喔！」然後一臉開心地回家去了。

一個禮拜後，那孩子說著「我一定可以成功！」一臉興奮地開始挑戰，並漂亮地完

成動作；我和其他媽媽們都一起為他拍手喝采。之後，他的媽媽跑來問我：「老師，我真是不敢相信！他為什麼可以學會呢？」

我回答說：「這是因為大家都相信他可以做得到！」

沒錯，只要孩子相信自己可以「做得到」，就算是新的事物，只要給孩子一個禮拜他就能學會了。而且不只是運動，就算是學加法、認字、倒立、騎腳踏車，任何對孩子而言是課題的事情，都只要給孩子一個禮拜就能出現改變。

大人的期待能讓孩子展現出成果，這稱為「比馬龍效應」（Pygmalion Effect，或稱「期待效應」）。因為我很肯定地說「一定能學會」，讓這位孩子跟他的媽媽也因此產生「說不定會成功」的想法，而這種想法，大大提升了孩子的成功機率。

只要母親真心信任孩子，孩子就會做出許多成果；反之亦然——如果媽媽一直對孩子說「你真沒用」，孩子就真的會變得越來越沒用。避免讓孩子處於不安與緊張情緒束縛的狀態，最能發揮他的幹勁與毅力。所以，每天跟孩子長時間相處的媽媽，首先要信任孩子，並且為他加油。

父親的關心，
能強化男孩的自信！

對男孩而言，父親給他的影響是很深遠的。只是，因為爸爸平日忙於工作，較少有時間與孩子相處，所以對於孩子都跟哪些朋友一起玩、孩子對哪些遊戲有興趣、孩子喜歡什麼食物等，這些較細微的事情，就比較難注意到。但有一個非常簡單又有效的方法，能讓父親發揮自身存在感，並為孩子的成長帶來助力——就是對孩子表現關心。

具體來說，就是要爸爸在每天看到孩子時，試著開口，對孩子說出你今天觀察到他的地方。舉例來說——

「你今天穿藍色的衣服啊！」

「你剪頭髮了啊？很好看喔！」

「你的書包看起來很重耶！裡面裝了什麼呢？」

「你的衣服弄得好髒喔，剛剛在玩什麼嗎？」

「你好像長高了喔！」

「你很像看過很多書喔！現在在看什麼書呢？」

「你要多吃一點喔！這樣才能快快長大！」

就算不是什麼有意義的話也沒關係，只要好好看著孩子，把你在他身上感覺到跟以往有點不同的地方，直率地說出來就行了。這就是前面也有提到的「認同」孩子，並不需要每次看到孩子都稱讚他。

如果對孩子說「穿藍色衣服好帥啊！」就變成是在稱讚他了，所以像「你今天穿藍色衣服啊！」「藍色衣服看起來很涼快呢！」單純說出你所察覺到的變化，或是加上一點感想，這樣的講法比較有效果。

因為這樣的說法能傳達給聽者一個很重要的隱藏訊息——「我一直都在注意你」或「我一直都在關心你」。人們只要知道有人在關注自己，僅僅只是這樣，就會督促自己在各方面更努力。

有個6歲小男孩總是獨自躲在角落安靜地玩耍，他跟人打招呼時，不大看別人的眼睛，也不跟其他小朋友交流，總是獨自一個人。因此，我常試著對這個孩子做上述的「認

同療法」；每次看到那個孩子時，一定會跟他說說話。

「你剪頭髮啦？」「你今天很早來呢！」

「你今天很有精神呢！」「你今天一個人玩啊？」

就像這樣，只是很自然地對他說一些無關緊要的話，但這樣的攀談方法所得到的效果非常顯著。這位總是被其他小朋友排除在外的孩子，雖然還不是很積極，但也開始慢慢地去靠近其他小朋友，和我的距離也逐漸拉近。二個月之後，他已經完全融入其它小朋友之中，和大家一起玩耍了。這樣的效果連我都感到驚訝！由此可見，知道有人在關心自己，會讓孩子的心境出現多麼大的轉變。

為人父者，總想填補不能陪在孩子身邊的時間，而對孩子說出「今天有發生什麼事嗎？」「你有在努力念書嗎？」「最近怎麼樣啊？」類似這樣唐突的問題。但孩子突然被問到這些事情時，不但不知道該怎麼回答，也會有種被審問的感覺，而感到不開心。

所以請爸爸先把對孩子的觀察說出口，向孩子展現關心，這樣孩子才願意和你多說點話喔！

男孩都想得到父親的認同！

×唐突的問題只會讓孩子感到困擾

○把觀察到的事直率說出口

當你不知道該如何教導孩子時，
就緊緊擁抱他吧！

當你不知道該如何教導孩子時，請相信孩子與生俱來的成長之力，緊緊地擁抱他七秒鐘吧！

擁抱這個行為，能讓孩子放鬆，更有讓他內心充滿愛的效果。而且據研究指出，緊緊擁抱七秒鐘以上，人體就會分泌出讓內心安定下來的荷爾蒙，所以請家長每天起碼緊緊擁抱孩子七秒鐘；當孩子開始不想被抱時，就表示他已經感受到充分的愛了。

不只是孩子，人類這種生物，當內心充滿著愛時，就會感受到最極致的幸福，也處在最能發揮能力的狀態下。

孩子有時是無法完全依照父母的期望成長的，但只要父母能信任，並持續守護孩子，孩子就能靠自己的力量，開創屬於自己的道路，並繼續成長。

孩子在成長的過程中，有時只是要進步一點點就得掙扎許久。遇到這種瓶頸時，孩子也會變得情緒化並波及周遭；有時也會出現問題行為，而讓家長感到困擾。但不管是怎樣的行為，對孩子而言，都是成長的階段，也是必要的過程。

當你不知該如何因應才好時，請緊緊擁抱孩子七秒鐘。

然後，輕輕對孩子說「不要緊，你一定做得到！」這是比什麼行動都來得有效的魔咒。

緊緊擁抱孩子，就能讓孩子的內心滿溢喜悅喔！

後　記

一直以來接觸過許多孩子，所以有件事我可以清楚地告訴大家。

每個孩子都擁有非常美妙的才能，只要在孩子 1 到 6 歲這段期間，培養孩子靠自己開創道路的力量，孩子就能活用與生俱來的美妙才能，也一定能找到屬於自己的路。

有件事希望各位家長能有所覺悟——很遺憾，不管是哪個孩子，都不可能一輩子乖巧順服！孩子一定會有讓父母困擾、煩惱的時候，不管多乖的孩子都是如此。譬如說，欺負別的小孩、忘東忘西讓老師特別提醒家長、或是不願意去上學等。

出現這些問題時，正是孩子要成長的時候。我遇見的那些孩子們，在引發各式各樣的問題之後，最後都變得更堅強，成長得更有活力。我也曾看過不跟他人說話，難以適應社會生活的孩子，在僅僅半年之後，彷彿脫胎換骨般地，開始發揮他的自主性。此外，也曾看過好動又粗暴，讓家長煩惱多年的孩子，幾年之後，變成一個穩重溫和到讓人不敢置信的孩子，並發揮他自身的能力，在創作領域中得到許多大獎。

只要好好培養孩子的「學習力」與「社會生存力」，孩子就一定能堅強地過著幸福的人生。

若能透過本書的七個階段，讓孩子與家長一同持續學習、成長，並活出豐富的人生，就是我最大的榮幸。

作者　竹內繪里香

決定男孩一生的 0 ～ 6 歲教養法 : 日本教育專家
20 年經驗教你提升孩子學習力、社會生存力 /
竹內繪里香著 ; Natsumi Cheng 譯 .
-- 初版 . -- 臺北市 : 日月文化 , 2013.09
208 面 ; 14.7 x 21 公分
ISBN 978-986-248-210-0(平裝)
1. 育兒 2. 親職教育
428 102013998

決定男孩一生的0～6歲教養法

日本教育專家 20 年經驗教你提升孩子學習力、社會生存力

作者：竹內繪里香（竹内エリカ）
譯者：Natsumi Cheng
主編：謝美玲
執行編輯：林毓珊
封面設計：尼瑪

發行人：洪祺祥
副總經理：洪偉傑
總編輯：林慧美
法律顧問：建大法律事務所
財務顧問：高威會計師事務所
出版：日月文化出版股份有限公司
製作：大好書屋
地址：台北市信義路三段 151 號 8 樓
電話：(02)2708-5509 傳真：(02)2708-6157
客服信箱：service@heliopolis.com.tw
網址：www.heliopolis.com.tw
郵撥帳號：19716071 日月文化出版股份有限公司

總經銷：聯合發行股份有限公司
電話：（02）2917-8022 傳真：（02）2915-7212
初版：2013 年 9 月
初版 19 刷：2023 年 9 月
定價：280 元
ISBN：978-986-248-210-0

男の子の一生を決める 0 歳から 6 歳までの育て方
OTOKONOKO NO ISSHO O KIMERU 0SAI KARA 6SAI MADE NO SODATEKATA©2012 Erika Takeuchi
First published in Japan in 2012 by KADOKAWA CORPORATION, Tokyo.
Complex Chinese translation rights arranged with KADOKAWA CORPORATION,
Tokyo through LEE's Literary Agency, Taiwan.

日月文化集團
HELIOPOLIS
CULTURE GROUP

客服專線 02-2708-5509
客服傳真 02-2708-6157
客服信箱 service@heliopolis.com.tw

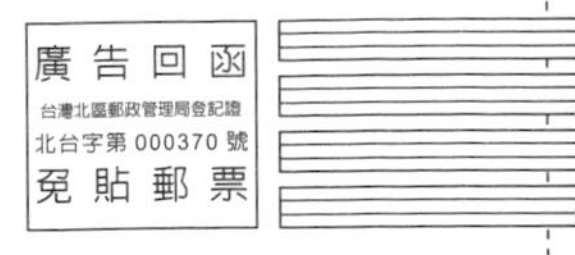

日月文化集團 讀者服務部 收

10658 台北市信義路三段151號8樓

對折黏貼後，即可直接郵寄

日月文化網址：**www.heliopolis.com.tw**

最新消息、活動，請參考 FB 粉絲團

大量訂購，另有折扣優惠，請洽客服中心（詳見本頁上方所示連絡方式）。

日月文化

EZ TALK

EZ Japan

EZ Korea

大好書屋・寶鼎出版・山岳文化・洪圖出版 EZ叢書館 EZKorea EZTALK

感謝您購買　決定男孩一生的0～6歲教養法

為提供完整服務與快速資訊，請詳細填寫以下資料，傳真至02-2708-6157或免貼郵票寄回，我們將不定期提供您最新資訊及最新優惠。

1. 姓名：＿＿＿＿＿＿＿＿　　性別：□男　□女
2. 生日：＿＿＿年＿＿＿月＿＿＿日　　職業：
3. 電話：（請務必填寫一種聯絡方式）
（日）＿＿＿＿＿＿（夜）＿＿＿＿＿＿（手機）＿＿＿＿＿＿
4. 地址：□□□＿＿＿＿＿＿＿＿
5. 電子信箱：＿＿＿＿＿＿＿＿
6. 您從何處購買此書？□＿＿＿＿＿縣/市＿＿＿＿＿書店/量販超商
□＿＿＿＿＿網路書店　□書展　□郵購　□其他
7. 您何時購買此書？　年　月　日
8. 您購買此書的原因：（可複選）
□對書的主題有興趣　□作者　□出版社　□工作所需　□生活所需
□資訊豐富　□價格合理（若不合理，您覺得合理價格應為＿＿＿＿）
□封面/版面編排　□其他＿＿＿＿＿＿＿＿
9. 您從何處得知這本書的消息：　□書店　□網路／電子報　□量販超商　□報紙
□雜誌　□廣播　□電視　□他人推薦　□其他
10. 您對本書的評價：（1.非常滿意 2.滿意 3.普通 4.不滿意 5.非常不滿意）
書名＿＿＿內容＿＿＿封面設計＿＿＿版面編排＿＿＿文/譯筆＿＿＿
11. 您通常以何種方式購書？□書店　□網路　□傳真訂購　□郵政劃撥　□其他
12. 您最喜歡在何處買書？
□＿＿＿＿＿縣/市＿＿＿＿＿書店/量販超商　□網路書店
13. 您希望我們未來出版何種主題的書？＿＿＿＿＿＿＿＿
14. 您認為本書還須改進的地方？提供我們的建議？